LECTURES ON
COSMOLOGY

宇宙

From A. Einstein to
S. W. Hawking

赵峥◎著

通识课

从爱因斯坦到霍金

人民邮电出版社
北京

图书在版编目（CIP）数据

宇宙通识课：从爱因斯坦到霍金 / 赵峥著. -- 北京 : 人民邮电出版社，2023.6
ISBN 978-7-115-61157-4

Ⅰ. ①宇… Ⅱ. ①赵… Ⅲ. ①宇宙－普及读物 Ⅳ. ①P159-49

中国国家版本馆CIP数据核字(2023)第024072号

内 容 提 要

20 世纪初，众多物理学家认为物理学的大厦已经基本建成，只剩下了修修补补的工作。但随后诞生的相对论和量子理论让物理学进入了一个新的发展阶段，也深刻影响了人类对于时空的认知。

本书就以爱因斯坦和他的相对论为切入点，介绍了物理学的新发展。全书可分为三部分：第一部分从 20 世纪近代物理的开端讲起，介绍了爱因斯坦的一生和狭义与广义相对论；第二部分从相对论延伸开来，介绍了恒星和宇宙的演化，以及宇宙中的致密天体；第三部分主要介绍了黑洞理论和霍金一生的贡献。

本书改编自赵峥教授在网络平台的课程，保留了课堂的原汁原味，语言生动风趣、通俗易懂，内容深入浅出，适合对近代物理发展感兴趣的中学生、大学生等广大物理爱好者阅读。

◆ 著　　　　赵　峥
　　责任编辑　俞　彬
　　责任印制　陈　犇

◆ 人民邮电出版社出版发行　　北京市丰台区成寿寺路 11 号
　　邮编　100164　电子邮件　315@ptpress.com.cn
　　网址　https://www.ptpress.com.cn
　　三河市中晟雅豪印务有限公司印刷

◆ 开本：880×1230　1/32
　　印张：6.5　　　　　　　　2023 年 6 月第 1 版
　　字数：146 千字　　　　　　2023 年 6 月河北第 1 次印刷

定价：59.90 元
读者服务热线：(010)81055410　印装质量热线：(010)81055316
反盗版热线：(010)81055315
广告经营许可证：京东市监广登字 20170147 号

序 言

爱因斯坦一生最伟大的成就是创立相对论，特别是创立了描述弯曲时空的广义相对论。近年来，建立在广义相对论基础上的宇宙演化、黑洞及时空性质的研究取得了显著的进展。物理宇宙学的创建、作为时空涟漪的引力波的直接发现、黑洞的理论研究和天文探测等成就相继获得了诺贝尔物理学奖项，引起了世人的广泛关注。

在这种背景下，B 站（哔哩哔哩网站）把读书人平台录制的作者关于相对论及天体物理的一系列讲座进行了加工整理，并以《16 堂宇宙课》为题在网站上播出，受到观众的热情欢迎。讲座用通俗的语言向大众介绍了狭义和广义相对论的创立背景与有趣内容，介绍了黑洞、引力波、恒星演化和宇宙演化，介绍了并非神童的爱因斯坦和霍金的成长经历与科研历程。依照张鹿先生的建议，作者对有关视频的内容进行了整理、修改和补充，写成本书，供视频观众与感兴趣的读者阅读和参考。

把语音内容整理成可翻阅的文字资料是一件十分枯燥而又烦琐的工作，需要付出艰苦的劳动。北京师范大学物理系理论物理专业的研究生王天志、唐艺萌耗费了许多时间和精力来协助作者完成这一工作。张华先生提供了许多参考资料和图片。读书人平台和 B 站的朋友们也付出了许多劳动。作者在此对他们表示深切的感谢。作者特别要感谢读书人平台的张鹿先生，以及李江兵、李北巍、赵小彬、刘建钢、周雁翎等朋友的参与。还要特别感谢人民邮电出版社科普分社俞彬社长的鼎力支持、赵轩编辑的热情推荐、杜海岳编辑与韩松编辑的精细加工，正是他们的努力使得本讲座在视频播出之后能够以文字形式和读者见面。

由于作者水平有限，错误之处在所难免，欢迎读者批评指正。

赵　峥

2021 年 5 月于北京

目　录

第一课　物理学天空中的两朵乌云

从《狭义与广义相对论浅说》谈起　　002

物理学天空中飘着哪两朵乌云　　002

一场持续 200 年的大论战　　004

让物理学家困惑不解的难题　　006

犹豫不决的普朗克　　009

光不仅是波，而且是粒子　　010

第二课　爱因斯坦与物理学的革命

并非神童的爱因斯坦　　013

高考补习班：爱因斯坦最快乐的一年　　015

苏黎世联邦理工学院：爱因斯坦逃课了　　016

一个四处碰壁的失业青年　　018

专利局与自由读书的俱乐部　　020

爱因斯坦奇迹年　　023

第三课　什么是狭义相对论

都是以太惹的祸　　026

走向相对论　　030

同时性的相对性　　033

动钟变慢 034

动尺收缩 036

速度叠加能实现超光速吗 037

动质量算不算质量 038

质量就是能量吗 039

第四课　双生子佯谬与光速不变原理

星际旅行归来，不可思议的事情发生了 042

双生子佯谬是真的吗 043

相对论与牛顿物理学的分水岭——光速不变原理 046

相对论究竟是谁提出的 047

第五课　万有引力不是普通的力

爱因斯坦为什么要发展狭义相对论 051

牛顿水桶实验说明了什么 053

从比萨斜塔到苹果落地 055

爱因斯坦的电梯实验 058

为什么说万有引力不是普通的力 060

第六课　弯曲的时空——广义相对论

从欧氏几何到非欧几何　064

广义相对论的创建　066

引力红移和水星轨道进动　069

光线偏折与 GPS 定位　072

第七课　时空的膨胀与涟漪

到底有没有引力波　076

终于找到引力波　077

来自黑洞碰撞的时空涟漪　082

宇宙是怎样产生的　085

宇宙学红移不是多普勒效应　087

暗物质和暗能量之谜　089

第八课　预言看不见的星

拉普拉斯与米歇尔预言暗星　093

奥本海默再次预言暗星　095

"哦，仙女，吻我一下吧！"　097

第九课　恒星的演化——50 亿年后的太阳会变成什么样

恒星的一生　101

各种恒星的比较　103

"西北望，射天狼"　105

50 亿年后太阳会变成什么样　107

第十课　白矮星和中子星的故事

白矮星为什么不再坍缩　111

三个沮丧的年轻人　112

一个印度青年闹的"大笑话"　114

"我不相信上帝会是个左撇子"　116

约里奥 – 居里夫妇的遗憾　117

神秘的"小绿人"　119

中国古人记载的超新星爆发　123

恐龙灭绝的另一种猜想　127

第十一课　飞向黑洞的飞船，最终去了哪里

原子弹之父被怀疑　130

球对称的黑洞　133

无限红移面和事件视界 135

时空互换与白洞问题 136

飞向黑洞的飞船 138

进入黑洞后的命运 139

第十二课　黑洞真的很黑吗

带电的黑洞 143

转动的黑洞 143

"无毛定理"还是"三毛定理" 145

黑洞是一颗死亡了的星吗 146

爱因斯坦的启发 149

"真空不空"与反物质 150

黑洞附近真空的形变 153

第十三课　霍金——"伽利略转世"

伽利略逝世 300 周年这天，霍金诞生了 156

从牛津大学到剑桥大学——重病来袭 158

"教授，你算错了！" 160

幸会彭罗斯 162

第十四课　　霍金的贡献

从奇点定理到面积定理　　168

贝肯施泰因的大胆突破——黑洞是热的　　169

180 度大转弯：霍金辐射的发现　　170

黑洞的负比热　　172

昂鲁教授恍然大悟　　174

霍金的成就及带来的挑战　　176

不到长城非好汉　　177

第十五课　　黑洞与信息守恒的争论

霍金打赌：黑洞信息守恒吗　　181

黑洞信息不会守恒　　183

第十六课　　探索时间之谜

"同时的传递性"——似乎不是问题的问题　　187

时间性质与热性质有关吗　　189

尾声　　193

参考文献　　194

作者介绍　　195

第一课
物理学天空中的两朵乌云

从《狭义与广义相对论浅说》谈起

开篇我们讲爱因斯坦与相对论。首先介绍一本书：《狭义与广义相对论浅说》。这本书是爱因斯坦亲自写的唯一的科普读物。还有一本书是爱因斯坦和他的朋友及合作者因费尔德两个人共同署名的，叫《物理学的进化》，但是那本书实际上是因费尔德写的。当时因费尔德因为生活上比较困难，想出一本书来缓解一下，于是他就请爱因斯坦跟他联名，这样这本书的销售量就会比较大。爱因斯坦同意了，当然这本书爱因斯坦肯定也提了不少建议，所以也是一本很好的书。《狭义与广义相对论浅说》这本书以比较通俗的语言介绍了狭义相对论和广义相对论。我们知道爱因斯坦一生中取得的成就是很多的，但是最重要的成就是相对论。相对论分两个部分，一部分是狭义相对论，另一部分是广义相对论。我将《狭义与广义相对论浅说》这本书推荐给大家，大家可以在学习相对论的时候看一下爱因斯坦是如何用通俗的语言来解释他的那些很难懂的理论的，我认为看这本书的人肯定会有所收获。

物理学天空中飘着哪两朵乌云

图 1–1 这张照片是爱因斯坦发表狭义相对论的时候，也就是他 26 岁左右时候的照片。通常大家看到的爱因斯坦的照片都是那个叼着个烟斗、头发乱糟糟、满脸皱纹的老头形象，大家觉得那时的爱因斯坦有着全世界最聪明的脑袋。其实那个时候的脑袋已经不行了，最行的是图 1–1 这个 26 岁左右时的脑袋。他 26 岁发表狭义相对论，37 岁发表广义相对论，主要的成就其实都是 40 岁以前取得的。40 岁以后虽然还有成就，但是远不及他中青年时期的成就大。实际上所有的科学创造和发明，特别是理

论的创造，基本上都是青年人做出来的。到了中老年以后，人的学问大了，课会讲得更好，知识会更丰富，但是创新能力往往会降下来。我们以前宣传科学家，通常都是给人看他们早已功成名就、成为老头老太太时候的照片，其实这样会给人一种误解，以为重大的成就都是老年人做出来的。

图 1-1 青年爱因斯坦

对于爱因斯坦，我们分几方面来介绍，首先介绍爱因斯坦的成功之路，然后介绍他的狭义相对论，再介绍他的广义相对论，最后讲相对论的进展，以及爱因斯坦一生中取得的成就和产生的影响。

1900 年 4 月，英国皇家学会召开了一次迎接新世纪的年会，当时德高望重的老物理学家开尔文勋爵受邀发表了一个展望物理学前景的著名演讲。他说，物理学的大厦已经建成，未来的物理学家们只需要做些修修补补的工作就可以了。但是明朗的天空中还有两朵乌云，一朵与黑体辐射有关，另一朵与迈克耳孙 – 莫雷实验有关。

结果呢，在不到一年的时间里，就从第一朵乌云里头降生了量子论，不到五年时间，又从第二朵乌云当中降生了相对论。这两个新的理论一出现，原来的物理学的大厦看起来就像一个小的庙堂一样了。这两个新的理论，展现了新的物理学的天空，所以开尔文还真是非常有远见。

一场持续 200 年的大论战

先来说一下当时物理学的研究背景。首先，介绍当时物理学家对光的本性的认识。之所以特别要讲对光的本性的认识，是因为刚才说的这两朵乌云都和光有关。一朵和黑体辐射有关，黑体辐射就是热辐射，热辐射和光都是电磁波，只不过波长不同。而另外一个迈克耳孙 – 莫雷实验，是跟光的传播速度有关的。

我们先看看光学的进展在当时是什么情况。

什么是光，在 17 世纪的时候就有争论。一派以笛卡儿、惠更斯、胡克为代表，他们认为光是一种波；另一派以牛顿为主，认为光是一种微粒。刚开始的时候是波动说占上风，因为胡克、惠更斯这些人都比牛顿要更加年长，他们在物理学界已经成名了。他们觉得光的波动说能够解释很多东西，例如光的反射、折射、直线传播等。

牛顿认为光是微粒。一开始的时候，胡克他们反对牛顿的观点。牛顿用光是微粒的观点，写了一篇文章，想投给英国皇家学会的《自然科学会报》发表。但是作为皇家学会实验主持人的胡克认为这篇文章简直是胡扯。光是波，怎么会是微粒呢？这个问题早已经弄清楚了，因此他拒绝刊登牛顿的文章。牛顿一气之下从此再也不给英国皇家学会投稿。

牛顿一生主要写了两本书，《自然哲学的数学原理》和《光学》，其他的文章则没有。但是我们现在有时候能看到一些牛顿的文章，比如《论运动》这样的文章，其实这些都不是他投的稿，都是他给朋友写信或交换意见时的长篇大论。牛顿成名以后，别人把这一段一段的内容截下来，加个小标题，就成为一篇篇牛顿的文章。牛顿的力学理论很受追捧，大家想牛顿的力学理论正确，他对光的解释是不是也是正确的？于是大家重新注意了光的微粒说。而且人们也注意到了波动说的缺点：如果光是波的话应该会有干涉现象，但是人们一直没有看见。于是牛顿的微粒说就占了上风。牛顿的微粒说击败了波动说以后统治物理学界 100 多年，一直到 1801 年（一说 1802 年）托马斯·杨完成了双缝干涉实验。这个实验的现象是微粒说不能解释的，这一下子又反过来，波动说重新战胜了微粒说。

英国的托马斯·杨是个很了不起的天才。据说他 2 岁的时候就能够读书，4 岁的时候把《圣经》通读了两遍，14 岁的时候已经通晓拉丁语、希腊语、法语、意大利语、希伯来语、波斯语和阿拉伯语等多种语言，他还会演奏多种乐器，在物理学、化学、生物学、医学、天文学、哲学、语言学、考古学等领域都有贡献。

托马斯·杨最开始当医生研究视觉，发现了眼睛散光的原因；转而研究光学，完成了光的双缝干涉实验，认识到光是一种波，但是这遭到了很多人的反对，因为大家都认为牛顿那么了不起的人，怎么会有错？于是，有些人就反问了他一些问题，有的问题他用波动说解释不了。后来他才恍然大悟——光波跟声波不一样，光波不是纵波，而是横波。他一认识到光波是横波，那些反驳他的意见就都被他驳倒了。

他还提出了光的三原色理论，此后又破译了古埃及的罗塞塔石碑上的一些文字。那个石碑上有三种文字，其中两种为古埃及文，一种为古希腊文，可是当时的人一种都不认识。托马斯·杨用对比的办法破译了其中的一点东西，开了一个头，因此对考古学做出了贡献。

另外一个天才是法国的商博良，他把罗塞塔石碑上的文字全部都破译了。不过，商博良是专门搞考古的，而托马斯·杨的才华则覆盖科学的各个领域。虽然托马斯·杨是天才，但是当时他在反驳牛顿的微粒说的时候，也遇到了很大的困难。因为在英国人看来牛顿是他们的骄傲，是非常伟大的一个人。而托马斯·杨这小子简直不自量，居然敢说"祖师爷"牛顿有错误，于是大家都拒绝接受他的想法。他的文章发不出来，他就自己掏钱印了 100 份，结果只卖出去一份。不过，后来因为大家看到微粒说不能解释干涉和衍射现象，所以最终他的理论还是获胜了。

让物理学家困惑不解的难题

现在我们就来看这两朵乌云。第一朵乌云是黑体辐射，黑体辐射就是当一个物体处于热平衡状态时候的平衡热辐射。为什么要研究这个问题呢？这个问题和炼钢有关系。

1870—1871 年的普法战争，法国战败。战败一方面导致了巴黎公社起义；另一方面，按照当时的和约，法国向普鲁士割地赔款，法国当时把阿尔萨斯和洛林这两个地区割让给了普鲁士。这两地割让给普鲁士至关重要，因为它们靠着普鲁士的鲁尔区，鲁尔区有煤矿，没有铁矿，这两地有铁矿，没有煤矿，现在都归了普鲁士。而且普鲁士还得到了一大笔战争赔款，于是普鲁士就决心发展工业，要把普鲁士从一个以生产土豆为主的国家，变成一个以生产钢铁为主的国家，实现工业化。

　　工业化很重要的一个标志就是发展钢铁工业，发展钢铁工业就需要炼钢。炼钢的主要技术是控制炉温，而炉温怎么测量？把温度计搁进去行吗？不行！搁进去它就化了。于是人们就在炉子上面开了一个小孔，让热辐射出来。出来以后人们发现，在不同温度的辐射能谱不一样。辐射的能量在不同波长的分布可以描成一条曲线，这条曲线在图 1-2 中用一系列圆点连成的线来表示。在不同温度的时候，曲线的"高低胖瘦"不一样。根据曲线的"高低胖瘦"就能判断炉温。

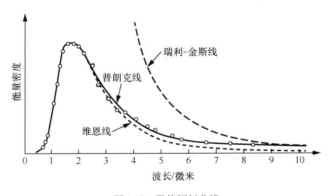

图 1-2　黑体辐射曲线

　　当时德国的物理学家维恩得出一个维恩位移定律［式 (1-1)］。根据这个定律，热辐射的能量密度取最大值时对应的波长 λ_m 和温度 T 的乘积是一个常数，也就是说，只要测出了这条曲线的 λ_m，你就可以知道这条曲线所代表的温度。

$$\lambda_m T = b \tag{1-1}$$

　　为什么会出现这么一条曲线？大家不清楚。当时英国也在发展钢铁工业，英国的两个物理学家，瑞利和金斯（金斯主要研究天体物理）给出一个理论，想解释这条辐射曲线。他们认为炼钢炉的炉壁上面的物质，可以看成一个个小单元。当时原子论还没有被大家完全接受，有一部分物理学家已经承认原子是物质的最小微粒了，认为最小的辐射单元是原子。还有一些人不承认原子论，但是也承认存在最小的辐射体。当时的物理学家认为，这些辐射体就像一个个谐振子，类似弹簧，放出辐射时振动减弱，吸收辐射时振动加强。根据这样一个模型，瑞利和金斯计算出了一条曲线，即图 1–2 上面的这条曲线。

这条曲线在长波波段跟实验符合得很好，但是在短波波段就走向了无穷大。因为短波是紫外光的分布范围，所以这个问题在物理学上就叫作紫外灾难。为什么会出现这么一个跟实验不符合的、理论计算的无穷大结果呢？不清楚。

维恩给出了另外一个模型，这个模型的曲线在短波波段跟实验符合得不错，但是在长波波段就偏离了实验点，如图 1–2 所示。

这个时候，德国的理论物理学家普朗克提出了一个人们意想不到的理论。他在研究这些曲线以后发现，如果认为谐振子在辐射能量和吸收能量的时候是不连续的，或者说一份一份的，就会得到与实验相符的结果。当时物理学家们已经认识到热辐射跟光都是电磁波，一般认为电磁辐射是连续的，所以热辐射也应该是连续的，这个能量怎么可能是一份一份的呢？大家不清楚。但是普朗克发现，只要假定谐振子在辐射和吸收的时候能量是一份一份的，那么描出的这条曲线就能跟实验符合得很好。

犹豫不决的普朗克

普朗克做出这个发现以后感到很吃惊，他自己也有点不相信，他想是不是这样的，谐振子在辐射能量和吸收能量的时候是一份一份的，但是能量一旦离开了谐振子，所有的能量都混到一起的时候，就又是连续的了。他把自己的这个理论叫作量子论。根据量子论，热辐射是存在能量子的，能量子表现为谐振子的能级是不连续的，每一个能级之间差一个能量子。普朗克一开始没有大张旗鼓宣传他的理论，因为他自己也觉得这个理论难以理解。他已经是教授了，发表一个错误理论闹个笑话可是不得了，他得小心翼翼的。所以他在自己学校里做报告介绍这项工作的时候，说得很保守，以至于有的学生听了以后说，今天白来了一趟，普朗克教授今天这个报告什么也没讲出来。学生们是这种感觉。

他是否知道这个发现很重要呢？他知道可能是很重要的，但是不知道是不是正确。他在跟儿子出去散步的时候跟儿子讲，自己有了一个重大发现，这个发现如果能够被证实是正确的话，成就是可以跟牛顿的成就相媲美的。可见他是知道自己工作的重要性的，但是他对外讲的时候还是很保守。这时候，他一会儿说原子在辐射能量和吸收能量的时候是一份一份的，一会儿又说这能量是连续的，所以有的人听不明白。有个记者就问他能量到底是连续的还是不连续的，普朗克解释说，有一个湖，湖里有很多的水，旁边有一口水缸，里面也有水。有人用碗把水从缸里一碗一碗地舀出来，倒到湖里，你说这水是连续的呢，还是不连续的？从这个回答当中大家可以很清楚地看到，普朗克认为能量本质上还是连续的，只是谐振子在辐射和吸收能量的时候是一份一份的。

光不仅是波，而且是粒子

到了 1905 年的时候，德国的《物理年鉴》（又称为《物理学杂志》，德国最重要的物理杂志之一）的编辑收到了一篇论文。这篇论文的作者是一个当时名不见经传的人物——爱因斯坦。这个人认为，普朗克说的能量的量子，不是离开了谐振子以后就变成连续的了，而是离开了辐射源以后，依然是保持一份一份的，这就是我们后来所说的爱因斯坦的光量子理论。量子不仅在谐振子辐射和吸收它的时候是一份一份的，它在传播过程当中也是一份一份的。利用这样的观点，爱因斯坦解释了光电效应。《物理年鉴》的编辑请普朗克看一看这篇文章。当时德国还没有完备的审稿制度，稿子来了，如果编辑觉得没问题就发了；如果觉得有点怀疑，就交给一位著名的专家去看一下，如果专家认为行就发，不行就算了，大概程序是这样。普朗克看了这篇文章以后，觉得此文观点好像不对，能量怎么会一直是一个一个的粒子，量子怎么会一直保持这种分离的状态呢？

但是爱因斯坦的这篇文章能解释光电效应。物理学是一门实验的科学、测量的科学：你的理论再漂亮不能解释实验，大家不能接受；你的理论虽然大家看着很别扭，但是能够解释实验，那还是可以勉强接受的。普朗克发扬了大家风范，把自己认为不对的这篇文章同意发表了。在同意发表的同时他给爱因斯坦写了一封信，向爱因斯坦"教授"请教这个问题到底是怎么回事。爱因斯坦当时根本不是教授，他在专利局工作，是一个普通职员。爱因斯坦收到这封信的时候，打开一看是普朗克的信，他都不敢相信，这位著名的物理学家会给他这个普通人回一封信。他想肯定是他那几个朋友拿他开玩笑，冒充普朗克给他写了一封信。当时他的夫人正在洗衣服，她一把拿过那封信，一看，说这个邮戳是柏林的，而他们当时在瑞士，他那几个朋友不可能跑到柏林去发这封信。

　　爱因斯坦再仔细一看，信真是普朗克写的，他就回信跟普朗克解释了一下。普朗克还派他的助手劳厄来拜访爱因斯坦，讨论这个问题。普朗克在爱因斯坦后来的几篇文章的发表上，也都起了很大的作用。但是普朗克长时间对爱因斯坦的光量子理论是持保留态度的。他在给维恩的信里说，他虽然同意爱因斯坦的文章发表，但他认为，爱因斯坦的光量子观点肯定是不对的。这种情况一直延续到爱因斯坦提出狭义相对论之后。他和能斯特一起，推荐爱因斯坦成为普鲁士科学院的院士并担任德国威廉皇家物理研究所所长兼柏林大学教授的时候，写了好多赞扬爱因斯坦的话，但最后还说了一句："当然，对于一个年轻人我们也不应该苛求，我们也应该想到他有时候可能会犯错误，比如他的光量子理论。不过他的这一点错误不能掩盖他在物理学上那么多重大的成就，所以我们还是要推荐他……"很有意思的是，过了几年，诺贝尔奖委员会给爱因斯坦颁奖的时候，特别指出获奖原因是他对光电效应的解释和在物理学其他方面的成就，而没提到相对论。而且在他获奖的通知上，诺贝尔奖委员会的秘书还特别提到，这次颁奖没有涉及他的相对论和引力论方面的工作。这个含义可能是双重的：一方面是委员会并没有说爱因斯坦的相对论一定是对的；另一方面的意思是，这个奖主要是因为爱因斯坦解释光电效应和提出光量子理论的成就而给的。他的狭义与广义相对论还有可能再得诺贝尔奖。但是诺贝尔奖委员会不大愿意给同一个人颁两次奖，所以爱因斯坦没有因为相对论获得诺贝尔奖——这不是一个大笑话嘛！可见诺贝尔奖这个事情，大家也不要看得很重，因为就连爱因斯坦最重要的两个成就都没有获得诺贝尔奖。

第二课
爱因斯坦与物理学的革命

并非神童的爱因斯坦

爱因斯坦是犹太人，他 1879 年诞生在德国的小镇乌尔姆，但是很快他们家就搬到了慕尼黑。他父亲是个小的企业主，办了一个生产电器的小工厂。他在慕尼黑度过了中小学时光。爱因斯坦小时候说话很晚，两三岁了才会说点简单的话，他的父母都曾经怀疑这孩子智力有问题，就带他去看医生，看了半天也没发现问题。原来是因为他平常不太注意大人们的谈话，爱自己摆弄一些东西。他有个很大的优点，就是能够长时间地集中注意力，这个优点他保持了一生。

爱因斯坦九岁就上中学了，中学时期每逢周末的时候，会有一个年轻的犹太大学生到他们家来，这个人叫塔尔梅。为什么呢？这是因为当时德国的犹太人有一个习惯，凡是中产阶级以上的犹太家庭，都会在周末的时候请一个贫困的犹太大学生到家里度周末，于是塔尔梅就到了他家。塔尔梅是学医学的，身边经常带一些书。爱因斯坦从小不太爱讲话，但是他很爱跟塔尔梅交谈。塔尔梅发现他爱看书以后，就经常把一些科普书带过来给他看。这些书包括物理的、化学的、天文的，还有些植物的、动物的、矿物的，什么都有，爱因斯坦对所有的书都很专心地看。有一本科普书中特别提到了测量光的实验，实验结果为不管光源是否在运动，测到的光速都大致相等。作者议论说，看来光的这个特性，可能是光的一个普遍的、重要的规律。这个观点对爱因斯坦很有影响。有一次塔尔梅带来了几何书，他也很专心地看，以至于他们家后来给他买了一本几何课本。于是他没开始学几何时就在那里看几何书，后来欧几里得几何影响了他一生。

爱因斯坦上高中的时候，由于他父亲的买卖做得不行，他们家搬到意大利投靠亲友去了。他父亲认为德国的教育水平比意大利高，希望爱因斯坦能在德国接受完中学教育，于是就把他留在慕尼黑，安排他进了一所重点中学，并托付给一位远房的亲戚来照顾。

爱因斯坦平常不爱说话，跟老师和同学都不大交往。当时德国是一种军国主义式的教育，老师在学生面前都表现出一副无所不知、无所不能的样子，对学生很严厉："这个问题还不会？怎么回事？讲了两遍你还不会？……"课本上的东西爱因斯坦都会，他就不大问。可是从塔尔梅给的书里看到的那些东西，他觉得挺有意思，因此他就经常问老师这些课外书上的问题。这一问就难住了老师。他有时候还问，世界真是上帝创造的吗？《圣经》讲的都对吗？所以老师对他很是头疼，想这孩子真是讨厌，专门问这些东西，还敢怀疑《圣经》？！爱因斯坦也觉得自己压力很大，在这所学校待着也不痛快。这时候他突然想到一个办法，去找他们社区经常给他家看病的医生开一个神经衰弱的证明。他想休学半年一年的，到意大利去跟父母团聚一下，缓解一下压力。这个医生就是塔尔梅的哥哥，所以很容易就帮助了他，给他开了一个证明。可爱因斯坦的神经衰弱证明还没拿出来，班主任就跟他说校长找他。见面后校长建议爱因斯坦退学。校长觉得他的存在是这所学校的一个耻辱：功课一般，还在那里乱怀疑，持无神论观点，还是犹太人，再加上种族歧视，等等，简直是太讨厌了，所以希望他赶紧走。爱因斯坦一听让他退学，心里也吓了一跳，这怎么跟父母交代？后来一想也好，要休学的话，以后还得来，这次干脆就不用再来了。于是他愉快地接受了学校的建议，退学了，然后翻越阿尔卑斯山到意大利去跟他的父母团聚。

高考补习班：爱因斯坦最快乐的一年

跟父母团聚了以后，他父亲觉得爱因斯坦还是应该上学，不上学将来没有本事怎么工作？他一想也是，因为在当时的德国，都是男人工作，妇女待在家里边的。他将来要结婚，自己还得有工作，所以学还是得上。但是他意大利语不好，而且意大利的科学也相对落后，所以他父亲建议他回德国继续上学，但是他不愿意，他讨厌德国。跟父亲商量以后爱因斯坦决定去瑞士。瑞士分成德语区和法语区，德语区跟德国一样讲德语，只是不是军国主义制度，所以爱因斯坦就到了瑞士的德语区。他投考苏黎世联邦理工学院，由于中学的课程没学完，他理科那几门课还可以，而文科的那些科目不灵，因此很遗憾第一年没考上。物理教授韦伯（这个韦伯不是物理学中的磁通量单位背后的那个物理学家韦伯，这个韦伯是搞电工学的，他的专业偏重电工）看爱因斯坦很喜欢物理，就说："你把文科的课补一补，补完了以后明年你再来，我欢迎你学物理，当我的学生。你如果这段时间里有空闲，还可以来旁听我的课，我允许你来旁听。"校长就干脆跟他说，他只要拿到了中学毕业文凭就可以入学。于是他就去瑞士的阿劳州立中学补习了一年。

瑞士的教育跟德国不一样，它不是军国主义教育，老师跟学生一起平等地讨论问题，除去学习以外，还有各种活动。爱因斯坦在这里觉得很放松，很自在，所以他度过了愉快的一年，随后考上了苏黎世联邦理工学院的师范系。这个师范系是培养大学与中学的数学老师和物理老师的，所以上的课都是数学课和物理课。

爱因斯坦在阿劳中学那一年，因为功课不重，压力轻，思考了很多问题，特别是这个问题：光既然是一种波的话，如果一个人能够跑着追上光，是不是就可以看见一个不随时间变化的波场？

比如说这个人跟着波峰一起跑，他就能看见波峰一直跟着他，对不对？但是谁也没见过这种情况。这是怎么回事呢？这个问题在他头脑当中转悠了好多年，最后引导他发现了狭义相对论。

爱因斯坦一生对学校都没有好印象，包括小学、中学、大学他都没有好印象，唯独阿劳中学的补习班除外。他这样评价阿劳中学："这所中学用它的自由精神和那些不倚仗外界权势的教师的淳朴热情，培养了我的独立精神和创造精神，正是阿劳中学成了孕育相对论的土壤。"你看，他没有说他上的大学是孕育相对论的土壤，而是说这个补习班是孕育相对论的土壤。

苏黎世联邦理工学院：爱因斯坦逃课了

他上了苏黎世联邦理工学院以后，刚开始选了 15 门韦伯的课，其中 10 门理论课、5 门实验课，可是越学他越觉得没意思。因为韦伯讲的都是比较实用的跟电工有关的东西，而爱因斯坦感兴趣的是那些理论问题，比如以太和光的传播速度，但韦伯对这些问题完全不感兴趣，还多次劝他："你不要去抠那些东西，那些东西对你一点用都没有，我教你的这些电工知识是最有用的，你将来找工作都不用发愁……"于是他就开始疏远韦伯了，韦伯多次劝他都劝不回来，最后他就干脆不去听韦伯的课了。虽然不去听韦伯的课，但是他也没有混时间，他买了几位德国物理学家写的物理教材，然后躲在他租的小阁楼里边读书学习。西方的大学往往不是为每个学生都提供宿舍的，它们没有那么多宿舍，很多学生都住在大学周围的老百姓家里，爱因斯坦也在大学附近租了一间小阁楼。

他也不是完全不去学校，一般是五点下课以后他就去了。去干嘛呢？两件事情。一件事情，是跟他的同班同学一起去咖啡馆讨论，问问他们今天课上讲了什么，然后讲讲他在书上看了些什么，讨论讨论。另一件事就是到实验室去做实验。因为瑞士学校的实验室是开放的，学生可以随时进来做实验。爱因斯坦在那里做实验，想验证一下白天看的书上的那些东西。

他不去听课，考试怎么办？没有关系，他们班唯一的女生米列娃跟他关系不错，愿意帮他记笔记。但是米列娃功课一般，考试的时候光靠米列娃的笔记不行。正好他们班还有一个好学生格罗斯曼。格罗斯曼是标准的好学生，每天是西服革履，皮鞋擦得锃亮，对老师有礼貌，功课好，字也写得漂亮，从任何一个角度看都是好学生。他跟爱因斯坦关系不错。刚进大学的时候，学习成绩是爱因斯坦在班上考第一，他考第二。现在爱因斯坦一下儿掉下去了，他考第一，爱因斯坦则排到后边去了。

爱因斯坦每到考试前就跟格罗斯曼借笔记。大家知道考试前借笔记恐怕有点难，考试后借笔记一般都问题不大，考试前借笔记人家还要看，怎么会借？但格罗斯曼挺慷慨，每次都借给爱因斯坦。爱因斯坦突击两个星期看完以后就参加考试。一考，考过去了，于是他就跟别人谈感想，说这门课简直一点意思都没有。你们想，这种学习方式，它可能有意思吗？肯定没意思。这时爱因斯坦做实验出了问题。他不是不爱做实验，但是他不太喜欢实验老师给他安排的实验，他希望做他自己想做的一些实验。实验老师就跟他说你不能这样，再这样毕不了业。但是他还是这样做，最后那位实验老师给了他一个最低分，1分。而且有一次他居然在实验中引发了一个局部爆炸，把手还炸伤了，不过幸好没有造成太大的损失。学校老师、校长把他找去批评了一顿。

到了快毕业的时候，要做毕业论文。韦伯建议他做一下测各种物质热导率的实验。爱因斯坦认为这个实验没什么意思，他想测一下以太相对于地球的运动速度。韦伯不认为有以太，让他不要去想那些天方夜谭的东西，好好做热导率的实验，而且跟米列娃两个人一块做。他又跟老师商量，让他测一下热导率和电导率的关系。韦伯坚持让他测热导率。做完以后，他得了 4.5 分，满分是 6 分，米列娃得了 4.0 分。后来毕业总成绩他得了 4.9 分，米列娃得了 4.0 分。米列娃的成绩不及格，所以不能毕业。爱因斯坦的成绩是全班第四，也就是倒数第二，因为他们班一共五个人，爱因斯坦终于勉强毕业了。

一个四处碰壁的失业青年

爱因斯坦毕业时觉得韦伯可能会让他留校。当时格罗斯曼和另外一个同学已经被他们的数学教授闵可夫斯基留下来当助教了，他想韦伯肯定要把自己留下来当助教，结果韦伯不要他。他为什么会想到韦伯要把他留下来当助教呢？因为韦伯当时正需要人。韦伯和西门子公司的老总是朋友，那个西门子公司的老总向苏黎世联邦理工学院提出来，他准备捐赠给苏黎世联邦理工学院一个新的电气实验室，条件就是这个实验室的主任必须由韦伯来当。这个不是问题，因为韦伯本来就是他们学校的教授，于是学校愉快地接受了他的捐赠。

爱因斯坦想，韦伯当了实验室主任了，还不需要人？他肯定要我。结果韦伯不要他，也没要他们班上的其他人，而是从工科院系找了两个毕业生当助教。爱因斯坦非常失望，只好离开学校，另外找工作。

他向好多学校写了求职申请，都没有回应。他当时买了一些明信片，这些明信片都带一个附页，可以写回执，他这是为了让那些教授方便给他寄回执，但是还是没有回应。这时候他发表了一篇论文，是研究毛细管的。这篇论文是他看了著名的物理化学家奥斯特瓦尔德的文章后写的。于是他就给奥斯特瓦尔德写了一封信，顺便把他的文章也寄去了，说："尊敬的奥斯特瓦尔德教授，您看这是我发的论文，我的这篇论文，就是在拜读了您的文章之后写出来的，我对您的工作十分感兴趣，想到您那儿去工作。"结果没有回应。他后来又给奥斯特瓦尔德写了一封信，说："教授，抱歉，我上封信可能忘了写地址了，我再告诉您一下我的地址。"他的意思是要提醒一下奥斯特瓦尔德，你还没给我写回信呢，结果还是没有回应。

他的父亲看着儿子这么困难，也很心疼，于是背着爱因斯坦给奥斯特瓦尔德写了一封信，说："尊敬的奥斯特瓦尔德教授，请您原谅一个老人打扰您，写了这封信。我实在是觉得我的儿子他非常钦佩您，其实我的儿子非常优秀，您只要跟他谈一谈，您一定会觉得他是一个很优秀的青年，您一定会愿意接受他在您那里工作。请您原谅我这个老父亲，冒昧地给您写这封信。"但还是没有回应。

当时爱因斯坦简直是走投无路，他一想准是韦伯捣的鬼。为什么？因为当时大学不多，大学里一个系就一个教授，这些教授可能相互都认识。你去大学求职，那所大学的教授一看，这不是韦伯的学生吗？肯定会问问韦伯这学生怎么样，他想韦伯肯定没说他的好话。但这都是爱因斯坦的推测，实际上他根本没有任何证据。

然后他开始多方面求职。他有一个朋友，叫贝索，他听说贝索的舅舅在一所大学当副教授，他就跟贝索讲："贝索，你能不能跟你舅舅说说，让他跟他们的物理教授讲讲，是不是可以让我到他那里去工作。"他看贝索有点为难的样子，就说："要不然这样，你把我领到你舅舅那里去，我去跟你舅舅说。"据说贝索的舅舅确实是向物理教授提了爱因斯坦，希望他能考虑，但人家还是没考虑。

后来爱因斯坦走投无路，开始在报上登小广告，说他可以教数学、物理、小提琴。最后就只来了一个人，这个人叫索罗文，后来成了爱因斯坦的朋友。爱因斯坦跟索罗文一聊，发现两人对很多问题有共同的兴趣，他也就不收钱了，所以还是没挣着钱。后来有个同学给他在另外一个城市找了三个月的中学代课老师的工作，爱因斯坦感激涕零，给对方写了一封感谢信，可见当时他确实很困难。爱因斯坦的妻子米列娃曾对自己的朋友抱怨说："你要知道，我的丈夫有一张臭嘴，况且他还是一个犹太人。"看来他们已感觉到这里面可能存在种族歧视。

专利局与自由读书的俱乐部

最后帮了他忙的还是老朋友格罗斯曼。格罗斯曼知道自己的父亲跟伯尔尼专利局的局长认识，于是就跟父亲说："你那个局长朋友不是老说想找点聪明人到他那里工作吗？你看我的同学爱因斯坦不就很聪明吗？你能不能跟他说一下？"

现在所有的资料都表明，在爱因斯坦的老师和同学当中，第一个看出他聪明的就是格罗斯曼，别人都没看出来。结果他的父亲真的跟局长大人讲了。局长大人同意见见爱因斯坦。见了以后这位局长大人觉得这孩子还可以，但是他又不方便自己来招，觉得还是要避一下嫌。他就在专利局成立了一个招聘小组，他不参加，但是招聘小组准备问的题，他跟爱因斯坦商量过，所以爱因斯坦准备好了如何回答，他想这下大概没问题了。结果没想到面试完了以后，招聘组负责人跟局长说这孩子不行，他虽然理论上还可以，但是动手实验不行，还是算了。局长想，都答应老朋友了，还是应该再找他一下，于是又把爱因斯坦叫去亲自谈了谈，谈了以后觉得还行。原来爱因斯坦想取得一个二等职员的位置，这下二等职员不行了，就三等职员吧，于是局长把招聘组的组长说服了，让他当了个三等职员。三等职员是最低等的职员，但最低等的职员也有一份公务员的薪金。所以爱因斯坦立刻在经济上就有了起色，因为当时爱因斯坦实在很困难。

除去找不着工作以外，他的婚姻也遇到了阻力。米列娃是塞尔维亚人，不过爱因斯坦家不同意这门婚事，主要还不是因为米列娃不是犹太人。爱因斯坦的妹妹就嫁了个雅利安人，是个德国人。他们家的反对意见主要是：第一，她出生于被压迫民族；第二，更重要的，她有残疾，腿有点瘸。爱因斯坦的母亲想，这个女孩子怎么能配上我儿子，不行不行。但是好说歹说爱因斯坦就是不愿意听，而且最后爱因斯坦还产生了逆反心理，你越说不行，我就越要跟她好，双方处于僵持状态。爱因斯坦的父亲也是不同意这门婚事的。后来爱因斯坦父亲病危，他赶去看父亲。他的老父亲看到儿子如此难过，而且还没找到工作，心一软就同意他跟米列娃结婚了。当时的德国是男人主事的家长制，父亲说行了，母亲说不行也没用了，这事就算是通过了。

爱因斯坦找到工作以后，立刻就跟米列娃结了婚。爱因斯坦母亲难过极了，说这位米列娃小姐给我造成了终生最大的痛苦。而且爱因斯坦和米列娃还在婚前育有一女，这事被爱因斯坦的父母知道以后，爱因斯坦的母亲就给米列娃的父母写了一封信，把他们的女儿批了一顿。这件事情使得两家的关系更加恶化。但是他们还是结婚了，而且很快就有了两个孩子。

在专利局找到一份工作以后，爱因斯坦就能够稳定生活了。专利局的工作是这样的：一般一个发明专利申请来了，如果初筛人员一看是等级比较高的，可能这个发明有戏，就交给二等职员，二等职员如果通过，再交给一等职员看；如果初筛人员一看这个发明不怎么样，就给三等职员，三等职员一看确实不怎么样，就写一封回信拒绝了，如果一看还可以，再交给二等职员复审。爱因斯坦经常看到的都是一些永动机一类的发明，他觉得这些不靠谱的发明虽然浪费了自己一些时间，但是有一些人的想法还真的挺好，能活跃自己的思维。另外，专利局一个很大的"优点"是事情不多，爱因斯坦有很多空闲时间。他就把自己要看的书搁在抽屉里边，一看周围没有人，就把抽屉打开开始看书；一看有领导来了，马上把抽屉关上。那位局长有几次看见他在那里看与专利局工作无关的书，不过发现都还是一些正经的物理书或者哲学书，也就不管他。局长大人的宽容，为爱因斯坦后来的科学发现创造了条件。

他在专利局工作期间，还有一件对他来说很重要的事情。他在伯尔尼认识了几个好朋友，这几个好朋友对科学和哲学都有兴趣。他们在假期时经常聚在一起，读一些书，进行一些讨论。这些书一般是数学书、物理书，但是不是太专业的，而是带有哲学色彩的数学书或者物理书这样的东西。这几个人里，索罗文是学哲学的，但是他喜欢物理，还有的人是学物理的、学数学的或者是学工程技术的。大家开玩笑，说咱们像个科学院，就叫作奥林匹亚科学院吧。他们称爱因斯坦为院长，因为别看他年龄最小，很多讨论都是他主导的。他们看了很多书，我们现在知道的，有马赫的《力学及其发展的批判历史概论》、庞加莱的《科学与假设》。

这个奥林匹亚科学院对爱因斯坦的启发和帮助很大。爱因斯坦提出相对论以后，很多记者采访爱因斯坦时老问他小时候都有些什么特别的表现，在学校时学习怎么样。爱因斯坦就说怎么老问他小时候，怎么不问问奥林匹亚科学院，可见他是很肯定奥林匹亚科学院对他的影响的。

爱因斯坦奇迹年

爱因斯坦在去专利局前就开始发表论文。1901年，也就是他去专利局之前的那一年，他发表了一篇论文，就是前文讲的关于毛细管的那篇。1902年发表了两篇，1903年一篇，1904年一篇。

1905年，26岁的时候，爱因斯坦发表了五篇论文：3月份他投了一个稿，解释光电效应，提出光量子理论，这是6月份登出来的；4月份提交了博士论文，博士论文必须是跟实验有关的，它的主题是测定分子大小的新方法；5月份投出了解释布朗运动的论文，这是7月份登出来的；6月份投出了一篇题目为《论动体的电动力学》的论文，也就是今天我们所说的提出狭义相对论的论文，这篇论文在9月份发表；9月份又投了一篇论文，这篇论文当中给出了$E=mc^2$这个重要的公式。我们现在来看，他1905年的这几篇论文，除去那篇博士论文以外，其他四篇都是可以得诺贝尔奖的，而且现在在得诺贝尔奖的许多论文都比不了他这几篇。所以这一年被称作爱因斯坦的奇迹年。

为什么这么说呢？因为牛顿在二十二三岁（1665年和1666年）的那两年时间里，在乡下躲避瘟疫，很多重要的成果都是那时候取得的。比如他的力学三定律（即牛顿运动定律）、万有引力定律，按他自己的说法都是那时候得出的。还有微积分的思想、光学的想法，都是那时候提出来的，因此 1666 年被称为牛顿的奇迹年。

爱因斯坦做出这些成绩以后，有一些记者就开始评论了，说你们看我们的社会有多么不公，像爱因斯坦这么优秀的人物，居然没有一个大学肯要他。如果有大学肯要他，他一定会做出更多的成绩。数学家希尔伯特是爱因斯坦的朋友，他就说，没有比专利局更适合爱因斯坦的工作单位了。为什么？就是因为没事儿。这个单位清闲而且宽容，爱因斯坦可以思考自己的问题，不用去备课、讲课了，也不会有其他的事情堆上来；而到了学校或者科研单位，上边布置的科研任务不一定是他想干的那些东西，现在他可以专心干他自己想干的事。

爱因斯坦 1909 年进入大学工作，首先回到他的母校苏黎世联邦理工学院，因为他的同学格罗斯曼已经担任了那儿的数学与物理系的主任，他邀请爱因斯坦回母校工作。爱因斯坦当然会去了，格罗斯曼是他的好朋友，于是他就到那里工作去了。1914 年，他到了德国，担任柏林大学教授和威廉皇家物理研究所所长，当选为普鲁士科学院院士。1915 年他在德国提出了广义相对论（1916 年正式发表）。他在 26 岁时提出狭义相对论，36 岁时提出广义相对论。二十六七岁到三十六七岁之间，是爱因斯坦一生成就的最高峰时期。他后来因为躲避纳粹德国的迫害，于 1933 年去了美国，在普林斯顿高等研究院（也称普林斯顿高级研究院）工作，一直到逝世。

第三课
什么是狭义相对论

都是以太惹的祸

本课讲狭义相对论的发现和狭义相对论的主要内容。光的波动说战胜微粒说以后，大家都知道光是一种波。但是它既然是波就应该有载体，比如说水波的载体就是水，声波的载体通常是空气或者其他介质。那从遥远恒星传过来的光，它的载体可能是什么呢？大家想到了亚里士多德以前的理论。

古希腊哲学家亚里士多德主张地心说，他认为地球是宇宙的中心，所有的天体都是围绕着地球转的。其中离地球最近的是月亮，所以他以月亮为界把宇宙分成一个月上世界和一个月下世界。他认为月下世界的东西，包括地球表面上的东西，都不是非常高级的，都是会腐朽的。但是月上世界没有这些会腐朽的东西，月上世界是永恒不变的。那里有什么呢？他认为充满了轻而透明的以太。他那时候就提出了以太的概念，那是在公元前300多年。以太学说大家一直都知道，但都只是听着玩玩而已。光的波动说提出来之后，大家认为光肯定需要介质才能传播，因此可能真的有以太，光或许是以太的一种弹性振动形式。这时候人们就把亚里士多德的学说又推进了一步，认为以太也渗入了月下世界，在我们周围的物质当中都存在以太。

这就有一个问题，既然地球附近和宇宙中都有以太，那么以太相对于地球动还是不动呢？一般人想，以太不应该相对于地球静止，因为地球不是宇宙的中心，而且太阳也不是宇宙的中心。如果以太相对于地球静止的话，那不就等于承认了地球还是宇宙的中心吗？所以大家就觉得地球应该相对于以太有运动。1725年，天文学家布拉得雷发现了光行差现象，1728年为该现象命名，1810年的时候人们又重新证实了这一现象。

这种现象表明地球是在以太当中穿行的，地球相对以太有一个运动。

光行差是怎么回事呢？

图 3-1 是说明光行差现象的示例。地球上有一架望远镜，天文观测发现，在用这架望远镜观测同一颗恒星时，当地球相对恒星从右往左转（读者视角）的时候，这架望远镜要向左倾斜一点；等地球相对恒星从左往右转的时候，它就要向右倾斜一点。这就是光行差现象。因为有光行差现象，你用望远镜看天上的同一颗恒星，半年前和现在相比，望远镜指向这颗恒星的角度就会有一个偏转。

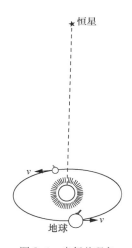

图 3-1　光行差现象

为什么会有这种现象呢？我们可以用一个接雨滴的实验来解释，如图 3-2 所示。把空气想象成以太，水滴想象成光。假如不刮风，空气相对于水桶不动的话，雨滴穿过空气掉下来，就直接掉进桶里了。但是假如有人抱着这个桶向一个方向跑，相当于这个人不动，空气在往反方向运动。在这个人看来，水滴是斜着掉下来的，这个时候要想接水滴，必须把桶向前倾斜一个角度，它才能落进去。

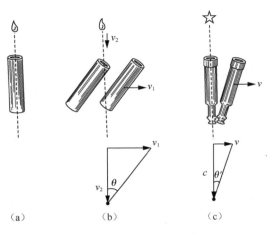

图 3-2　接雨滴实验

　　大家认为光在脱离了恒星以后，是在以太当中相对以太运动的。如果以太相对于地球不动的话，望远镜永远朝着一个方向就行了，光就直接进来了。但是实际的观测结果是，望远镜总会有一个偏角，这半年朝这边，那半年朝那边。大家就想肯定是地球绕着太阳转的时候在以太当中穿行，所以望远镜筒才一会儿朝这边，一会儿朝那边。望远镜筒就相当于那个水桶。这种现象叫光行差现象。从光行差现象可以看出来地球相对于以太有运动。但是这个实验很粗糙，于是迈克耳孙和莫雷就设计了另外一个实验，想精确地测定以太相对于地球的运动。

　　有关这个实验的具体情况我就不多说了。迈克耳孙和莫雷是这样做的。他们准备了一个干涉仪，仪器有两个相互垂直的臂，一个臂平行于地球运动的方向，一个臂垂直于地球运动的方向，如图 3-3 所示。图 3-3

中的 v 是以太相对于地球的运动速度，也就是说，粗箭头指示的 v 的方向是以太相对于地球的运动方向。

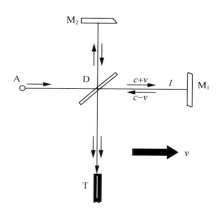

图 3-3　迈克耳孙 – 莫雷实验装置示意图

如果以太相对于地球有运动的话，光在这两个臂中走的时间是不一样的，如果将干涉仪转 90 度干涉条纹会有移动。大家感兴趣的话可以看一下有关相对论的一些科普书，都会有很清楚的解释，我在这里就不多说了（可以参见赵峥著《物理学与人类文明十六讲》《相对论百问》）。但是令人吃惊的是，这个比接雨滴实验更精确的实验，没有测出来光相对于地球的运动。也就是说好像以太相对于地球是静止的，地球并没有在以太当中穿行；而光行差现象表明地球是在以太当中穿行的，也就是说地球相对以太有运动，这怎么解释呢？当时的电磁学专家洛伦兹提出来一个假设：一把尺子，当它相对以太静止的时候，长度为 l_0；当它以速度 v 在以太当中运动的时候，长度就会缩短。这叫洛伦兹收缩。洛伦兹说，之所以在做迈克耳孙 – 莫雷干涉实验的时候，测不到以太相对于地球的运动，就是因为没有考虑望远镜筒在相对于以太运动的时候，沿着运动方向会有一个收缩。

如果考虑到这一收缩效应，我们就看不到干涉条纹。

为什么大家对以太问题这么感兴趣？因为大家认为，以太相对于地球不应该静止，这是由于地球不是宇宙的中心。以太相对于太阳也不应该静止，因为太阳也不是宇宙的中心，可以说恒星都是遥远的太阳。那么以太应该相对于什么静止呢？比较合理的想法是相对于牛顿所说的绝对空间静止。

走向相对论

牛顿说存在一个绝对空间，还有一个绝对时间，万物都是在这绝对空间当中经历绝对的时间而运动的。以太应该是相对于绝对空间静止的。大家对于测量地球相对于以太的运动速度之所以很感兴趣，是因为测出了地球相对于以太的运动速度，也就测出了地球相对于绝对空间的运动速度。这个速度在物理学中应该是非常重要的。但是实际上没有测出来，大家感觉非常之奇怪。

洛伦兹解释说，任何一把尺子相对于绝对空间（以太）运动的话，就会沿运动方向收缩，这把尺子放在相对于绝对空间静止的参考系当中的时候，是最长的，假设是 l_0。只要运动，它就要产生如式 (3-1) 所示的收缩，收缩后长度为 l，这个效应就叫洛伦兹收缩。如果承认这个收缩效应的话，就能够解释迈克耳孙 – 莫雷实验跟光行差现象之间的矛盾。洛伦兹觉得收缩是实质性的，尺子收缩时，组成尺子的分子和原子当然也会收缩，它们会变扁，里边的电荷分布也就会发生变化。

$$l = l_0 \sqrt{1 - \frac{v^2}{c^2}} \qquad (3-1)$$

就在这个时候爱因斯坦提出了相对论。

图3–4中有两个参考系。一个我们叫它S系，它有三个坐标轴，即x轴、y轴和z轴，而且有一个钟，走的时间是t。另外一个参考系相对于前一个参考系以速度v运动，这个参考系叫S'系，它运动的时候，x'轴跟x轴是一直保持重合的（为了方便读者理解，图3–4中的x轴和x'轴未画成重合样式），而y'轴和y轴不保持重合，但是一直保持平行，z'轴和z轴也是保持平行，这个系里的钟走的时间是t'。那么这两个参考系中的x和x'是什么关系呢？y和y'、z和z'是什么关系呢？t和t'又是什么关系呢？

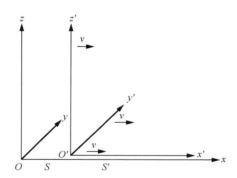

图3–4　两个相对做匀速直线运动的惯性系

由式 (3–2) 可知：$y = y'$，$z = z'$；两个钟走的时间也是一样的，$t = t'$；而x和x'的关系，因为这个运动参考系S'是以速度v沿x轴方向在运动，所以 $x' = x - vt$。

$$\begin{cases} x' = x - vt \\ y' = y \\ z' = z \\ t' = t \end{cases} \qquad (3\text{–}2)$$

　　这个坐标变换就是我们通常所说的伽利略变换。它描述的是两个参考系，一个相对于另一个以速度 v 运动的时候，它们俩之间的关系。伽利略变换与我们中学时学的平行四边形法则有关联，只不过它不是描出了一个平行四边形，而是边重合起来了。但是从伽利略变换推不出洛伦兹所预言的尺子的收缩，于是洛伦兹就把这个坐标变换加以改造，变成我们现在看到的如式 (3–3) 所示的复杂样子，这个变换被庞加莱称为洛伦兹变换，用式 (3–3) 可以推出来洛伦兹收缩的公式。

$$\begin{cases} x' = \dfrac{x - vt}{\sqrt{1 - \dfrac{v^2}{c^2}}} \\[2ex] y' = y \\ z' = z \\[1ex] t' = \dfrac{t - \dfrac{v}{c^2}x}{\sqrt{1 - \dfrac{v^2}{c^2}}} \end{cases} \qquad (3\text{–}3)$$

　　这个变换，除去在数学形式上比伽利略变换复杂以外，还有一点跟伽利略变换不同。伽利略变换是两个平等的惯性系（S 系和 S' 系是两个平等的惯性系）之间的变换。洛伦兹则认为 S 系是绝对惯性系，是相对于绝对空间和以太静止的特殊的惯性系，而 S' 系是一个运动的惯性系。所以洛伦兹在提出洛伦兹变换的时候，实际上放弃了相对性原理。他认为不是所有的惯性系都是平等的，比如说就会有尺子在相对于绝对空间运动的时候发生收缩这样的一些现象。

　　后来，正在洛伦兹等人讨论当尺子收缩时构成尺子的原子会变扁这样的问题的时候，爱因斯坦给出了一个新的理论。新理论是从两个基本原理推出来的，一个是相对性原理，另一个是光速不变原理。相对性原理指出"物理定律在不同惯性系当中形式保持不变"。这个新理论得出来的 S 系和 S' 系间的变换依然是洛伦兹变换。爱因斯坦这个理论的核心公式是洛伦兹变换公式，洛伦兹那个"凑出来"的理论的核心公式也是洛伦兹变换公式，但是这两个理论的物理解释又是不一样的。爱因斯坦认为这两个坐标系，S 系和 S' 系是两个平等的惯性系，并不存在绝对空间，也不存在以太；但洛伦兹认为这两个惯性系不是平等的，S 系是绝对惯性系，相对绝对空间静止，也就是相对以太静止，S' 系是一个一般的惯性系，是运动的惯性系。也就是说两个人对这套公式的解释是完全不同的。洛伦兹认为相对性原理不成立，有一个优越的惯性系，而且存在以太，存在绝对空间。爱因斯坦认为不存在绝对空间，也不存在以太，当然也不存在优越惯性系。爱因斯坦依然坚持相对性原理，这个原理和牛顿时代人们的认识应该是一样的。这样两个理论，公式一样，解释却不一样，怎么办呢？洛伦兹后来就提出个建议，让爱因斯坦将自己的理论称为相对论，爱因斯坦觉得也还可以，于是"相对论"这个名字就定下来了。

同时性的相对性

下面讲一讲相对论的一些最重要的结论。一个就是"同时性"这个概念是相对的，还有运动的尺子会收缩、运动的钟会变慢等。现在我首先来讲一下同时性的相对性，它指的是"同时"这个概念是相对的。

假设有一辆公交车，原来停在站台上，现在车启动了。这辆公交车上有一个售票员，有一些乘客，其中一个乘客把钱交给了售票员，售票员撕了一张票给这个乘客，这是在这辆车上发生的两件事。这两件事情是不是发生在同一个地点？车上的人认为是同一个地点，因为这个乘客就站在售票员的对面，他给售票员钱，对方交给他票。但车下的人认为不是同一个地点，认为这个乘客给售票员钱的时候，车还在站台上，等售票员撕了票给他的时候，车已经开出去好几米了。所以两件事情是不是发生在同一个地点，在不同的参考系当中看结论是不同的。

但是两件事情是不是同时发生，大家可能以为应该有一致的看法。比如说公交车在开动过程当中，有两个淘气的孩子，一个在车头，一个在车尾，同时放爆竹，"嘣"一下，爆竹响了。车上放爆竹是一种违法的行为，因此警察来了。警察问谁先放的爆竹，车上的人说他们两人同时放的，这两个爆竹同时响的。那么车下的人怎么看呢？车下的人当然也认为是同时响的，对不对？这是我们通常的观念，认为"同时"这个概念是绝对的，在运动参考系和静止参考系当中的人会有同样的结论。但是相对论告诉我们这个结论是不对的。你之所以觉得同时是绝对的，是因为车开得太慢了，假如车开得快，开到接近光速的时候，车上的人认为同时响的两个爆竹，车下的人就会认为是一个先响，一个后响，这叫同时性的相对性。同时性的相对性是很难理解的，是相对论中最难理解的概念之一。

动钟变慢

还有就是动钟变慢和动尺收缩效应。我们先看动钟变慢效应。

图 3–5 当中有两个参考系，每一个参考系当中都有一列钟。S 系中这一列钟都已经校准了，都走得一样快。另外那个运动参考系 S' 中也有一列钟，这一列钟也校准了，也走得一样快。现在这两个参考系进行相对运动，按照相对论就会出现动钟变慢效应。比如说我在 S 系当中看，认为自己的这一列钟是静止的，对方的一列钟从自己这一列钟跟前跑过去。我盯

住对方的一个钟，因为我和对方的任何两个钟在碰面以后就不会再碰面了。我这一列钟快慢都对好了，对方的钟我盯准一个，比如那个黑色的钟A，它从我的跟前经过时，我先将它跟我的第一个钟对时间，然后它跑过去了，我再将它跟我后面的钟依次对时间。我这一边的钟依次和它对时间的时候我发现它走得慢了，也就是说在我看来运动的钟走得慢了。

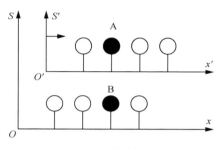

图 3-5 动钟变慢

S' 系的观测者跟我的看法完全不一样，他认为自己那一列钟是静止的，而我这一列钟是动的，那么他要盯住我的一个钟（例如钟 B），我的这个钟从他面前跑过，跟他的一列钟来依次比较，那么他也会发觉我的这个钟走得慢了。

双方都认为对方的钟是动钟，动钟在运动中变慢了，这是相对论的一个结论。讨论动钟变慢效应的时候，要记住动钟是一个单独的钟，而静钟是一列钟。观察的双方都认为自己这一列钟是静止的，对方那个单独的动钟变慢了。

式 (3-4) 中，Δt_0 是动钟（单独的那个钟）走的时间，Δt 是静钟（一列钟）走的时间。动钟走 1 秒，静钟肯定走了大于 1 秒的时间。而且动钟运动速度越快，走得就越慢。

$$\Delta t = \frac{\Delta t_0}{\sqrt{1 - \dfrac{v^2}{c^2}}} \qquad (3\text{--}4)$$

动尺收缩

另外一个效应是动尺收缩，如图 3-6 所示。两把尺子本来一般长，现在相对运动起来，我认为我的这把尺子在我的这个参考系当中是静止的，你的那把尺子是运动的。我同时去量你的尺子的两端，发现你的尺子短了。你认为你的尺子是静止的，我的尺子是运动的，我的尺子从你跟前跑过去，你同时测我的尺子的两端，发觉我的尺子缩短了。双方都认为对方的尺子是动尺，对方的尺子短了，缩短的情况如式 (3-1) 所示。l_0 是尺子静止时的长度，l 是这把尺子相对于观测者运动起来后，观测者测到的它的长度。

A尺相对于B尺静止　　　　　　　A尺相对于B尺运动，从B尺
　　　　　　　　　　　　　　　　角度看，认为A尺收缩

图 3-6　动尺收缩

这个收缩公式与洛伦兹收缩公式完全一样，但物理解释与洛伦兹收缩公式完全不同。洛伦兹认为相对于绝对空间静止的那把尺子最长，相对它运动的尺子缩短，这是个绝对的效应。爱因斯坦则认为这是个相对的效应，双方都认为对方的尺子缩短了。为什么都认为对方的尺子缩短了？主要是因为同时性的相对性。你想，一把尺子从你跟前跑过去，你要测它的长度。如果尺子是静止的，你可以测完尺子的这头再测那头；如果尺子是运动的，你就不能测完这头再测那头，因为尺子早跑过去了，

你必须"同时"测量它的两端。正是因为你是"同时"去量它的两端，才认为它短了。为什么呢？因为在我看来，你没有"同时"测我的尺子的两端，你先量的这头后量的那头，结果才发现我的尺子短了。同样，我看你的尺子也是这样，我同时量你的尺子，我觉得你的尺子短了，你认为我没有同时量。所以，双方都认为对方的尺子是动尺，对方的尺子收缩了。

因为洛伦兹先于爱因斯坦给出了这一收缩公式，所以相对论中沿用了洛伦兹收缩这一名称，只是物理解释完全改变了。

速度叠加能实现超光速吗

相对论还有一个重要结论与速度叠加有关（称为爱因斯坦速度相加定理）。相对论认为光速是极限速度，是不可超越的。大家看，图 3–7 中有一列火车，以 $0.9c$（c 指光速）的速度 v 在跑，车顶上有一个人以 $0.9c$ 的速度 u' 相对于这个车顶在跑。

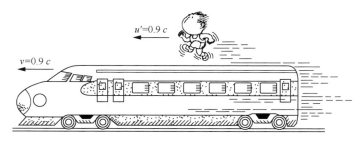

图 3–7　速度叠加示意图

那么车顶上这个人相对于地面的速度 u 是多少？大家可能会想应该是 $u = u' + v$，那不是 $1.8c$ 吗？那肯定就超光速了。但是式 (3–5) 才是相对论中的速度叠加公式。

$$u = \frac{u' + v}{1 + \dfrac{u'v}{c^2}} \tag{3-5}$$

考虑相对论以后，公式 $u = u' + v$ 应该还有一项分母，把这一项考虑进去以后，人相对于地面的速度就约为 $0.99c$，还达不到光速。大家可以用这个式子算一下，绝对不会突破光速。光速是一个极限速度，速度叠加不能实现超光速。

动质量算不算质量

先说一下静质量和动质量的概念。大家知道一个电子静止的时候，质量是 m_0，它运动的时候会怎么样呢？在相对论诞生的前夕，实验就已经发现，运动的电子的质量好像增大了，但是没有一个定量的结论。从爱因斯坦的相对论中可以得出，电子如果以速度 v 运动的话，它的质量 m 就会按式 (3-6) 相应变大。在式 (3-6) 中，m_0 是这个电子的静质量，m 是动质量。也就是说电子有一个动质量 m，动质量比静质量 m_0 大，电子运动得越快，它的动质量越大，这是相对论的结论。

$$m = \frac{m_0}{\sqrt{1 - \dfrac{v^2}{c^2}}} \tag{3-6}$$

不过，动质量这个概念是存在争议的。爱因斯坦赞同动质量和静质量这两个概念，认为电子有静质量，也有动质量。但是后来苏联物理学家朗道（又译为郎道）认为只有静质量才能算质量，动质量不是质量，而只是个符号，它只不过表示式 (3-6) 所代表的关系。如果你承认只有静质量是质量，你就可以很干脆地说电子质量是多少。如果你承认动质量也是质量，你说电子质量时，就必须首先要确定电子是处在静止的状态，还是运动的状态，运动速度是多少。还要注意，动质量不是标量。为什么不是标量？式 (3-6) 中 m 上面没有箭头——这不是标量吗？我这里说的是四维时空的标量。在四维时空当中，能量 E 不是一个标量，而是四维矢量的一个分量，这四维矢量有三维是动量，另外一维是能量。如果 m 是动质量，真的具有质量意义的话，下面我们将看到，由于质能关系的存在，这个动质量 m 也不是标量，而是和能量一样，是四维矢量的一个分量。但是如果动质量 m 不算质量，而质量就是指 m_0 的话，那么质量就是标量，而且是一个常数，这时电子质量就是指电子的静质量，这是非常肯定而清楚的。

目前，主流的相对论界赞同朗道的观点。而且有人说，爱因斯坦其实也不反对这个观点。爱因斯坦确实在信件中提到"只有静质量才是质量"这种观点也有一定道理，但是他从来没有在他的任何论文或者书中谈到过动质量不算质量。

如果质量只是指静质量，那么质量是个标量，而且是个常数，这确实有它的优点。但是这将违反质量守恒定律。当然，能量守恒定律依然存在。你想，静质量为 m_0 的一个电子和一个正电子相撞发生湮灭，湮灭以后变成静质量是零、只有动质量的光子。如果动质量不算质量，电子与正电子的质量不就消失了吗？所以存在质量不再守恒的问题。这个问题到现在还没有解决。我跟一些粒子物理学家说起这件事的时候，他们就觉得这里有问题。他们觉得动质量还是应该算质量。所以这个问题到现在还是有争议的。

质量就是能量吗

爱因斯坦指出，相对论中存在质能关系，即

$$E = mc^2 \qquad (3\text{--}7)$$

如果动质量算质量，相对论中的质能关系就可以简单写为 $E = mc^2$（称为爱因斯坦质能方程）。如果一个粒子在运动，m 就是指动质量；如果这个粒子静止，m 就是指静质量 m_0 了。

式 (3–7) 表示质量和能量是同一事物的两个侧面，不是指质量可以转化成能量，也不是表示能量可以转化成质量。这个公式实际上告诉我们，能源短缺的说法是不太科学的。能量到处都是。比如我这里有一杯水，这能量就不得了。有人说这杯水当然有能量，因为水有温度，那水分子运动时没有能量吗？我不是指水的内能，与利用质能关系得到的水的固有能相比，水的内能甚至可以忽略不计。根据式 (3–7)，这杯水释放出的能量足以把一个大城市炸毁。投到广岛的那颗原子弹实际上只把 1 克核物质的固有能转化成了热能和光能，其释放的能量就有那么巨大的威力。所以，能量是到处都存在的，只是我们找不到简单的方式把它释放出来而已。

再有，我们通常所说的一个粒子的动能，是指它的动质量乘 c^2，减去它的静质量乘 c^2。那么它实际上是式 (3–8) 当中展开的一个级数。我们通常说的动能只是其中的第一项，如果一个物体运动得很快的话，还需考虑相对论的效应，式 (3–8) 后边那些项也都有贡献。

$$
\begin{aligned}
T &= mc^2 - m_0 c^2 \\
&= m_0 c^2 \left(\frac{1}{\sqrt{1 - \dfrac{v^2}{c^2}}} - 1 \right) \\
&= \frac{1}{2} m_0 v^2 + \frac{3}{8} m_0 \frac{v^4}{c^2} + \cdots
\end{aligned}
\qquad (3\text{--}8)
$$

第四课
双生子佯谬与光速不变原理

星际旅行归来，不可思议的事情发生了

下面我们还要讲一个问题——双生子佯谬，这是很多人感兴趣的话题。它说的是双胞胎兄弟原本生活在地球上，一天，其中一个坐飞船出去旅行，另一个留在地球上生活。相对论的研究告诉我们，坐飞船出去旅行的人，最后返回的时候会比较年轻。他带着一个钟，原来跟地球上的钟是一样的时间，但是他返回的时候，这个钟跟地球上的钟相比，它走的时间更少。能少多少呢？可以举例计算。

例如这个人到比邻星去旅行。比邻星是除太阳以外，离我们最近的一颗恒星，距离我们约 4.2 光年，也就是说光走 4.2 年就到了，很近。这对双胞胎兄弟，一个留在地球上，另外一个坐飞船，以 3 倍的重力加速度加速，加速到相对于地球 25 万千米 / 秒的速度时，他关闭发动机，因为这样可以节约燃料。然后飞船继续飞，快到比邻星的时候，再以 3 倍的重力加速度减速，到达比邻星附近访问。

为什么要减速？不减速就撞上去了，所以他必须减速。减速以后他到达那里，访问完以后，再以 3 倍的重力加速度加速返回，达到 25 万千米 / 秒的速度以后再次关闭发动机，让飞船做惯性运动往回飞。在接近太阳系的时候，飞船再以 3 倍的重力加速度减速，然后回到地球。如果进行这样一趟旅行，这艘飞船上的人多少年可以回来呢？ 7 年。那么地球上的人过了多久？ 12 年。去外太空旅行的人回来时年轻了 5 岁。有人说年轻 5 岁不明显，这人要是身体不好，看着也会老一点。看来这个例子还不是很能说明问题，那么我们看下面这个例子。

这次我们到银河系的中心去旅行，太阳系离银河系中心是 2.8 万光年。双胞胎兄弟中的一个留在地球上，另外一个坐飞船到银河系中心，

然后回来，假设燃料足够。实际上 3 倍的重力加速度时，体重 80 千克的人会变成 240 千克，身体可能吃不消，去外太空旅行的人只是可以短时间勉强承受这样大的重力加速度，长时间承受很困难。假设飞船以两倍的重力加速度加速，不停地加速，飞到距离银河系中心一半的路程的时候，再掉过头来反向加速，以两倍的重力加速度让飞船不断减速，直到银河系中心。然后再以同样的方式返回。注意，这次没有中途关闭发动机做惯性飞行。因为惯性飞行时是失重状态。从加速时的超重，转化为失重，再变化到减速时的超重，人可能更受不了，所以还不如始终保持超重状态，也许身体反而容易适应一些。

这次旅行需要多少时间呢？飞船上的人会觉得飞了 40 年。飞 40 年是长了一点，但是还可以接受，这小伙子走时 20 岁，回来 60 岁，还可以。地球上的人觉得过了多久呢？ 6 万年。如果他真完成了这样一次旅行，他留在地球上的双胞胎兄弟肯定早就过世了，并且地球人一定会开一次盛大的庆祝会，庆祝自己 6 万年前的祖宗回来了。

双生子佯谬是真的吗

上面说的这些内容是真的吗？是真的，这是用相对论推算出来的。为什么出去的那个人会显得年轻？要解释这个问题，先要解释一下四维时空。我们每一个人在站着或者坐着的时候，就相当于在三维空间中，上下、前后、左右坐标都定了，固定为一个点。但是在四维时空当中还有一个时间轴，点的空间位置不动，但还是会画出一条跟时间轴平行的直线（此处的"直线"与曲线相对，指不弯曲的线，非数学意义上的直线）。在四维时空当中，任何一个三维空间的点都会画出一条线来。有人说我就不动，点怎么能成线呢？因为你必须"与时俱进"，必须沿着时间往前走，不可能停，一定会画出线。如果你不是静止不动，你进行匀速直线运动，跑或者坐飞船飞，你就会画出一条四维时空中的斜线、等速的线。如果你一会儿加速、一会儿减速，就会画出一条四维时空中的曲线，叫作世界线。

相对论认为，世界线的长度就是这个点经历的时间。比如说，你在这个四维时空当中不动，就可画出一条直线，这条线的长度就是你经历的时间。你在跑动，就可画出一条曲线，这条曲线的长度就是你经历的时间。现在双胞胎兄弟中的一个在地球上不动，起先在 P 这个点。为了简化，图 4–1 中 x 轴就代表 x、y、z 三个轴，表示空间位置，他不动就在 P 点。时间轴是 t 轴。如果忽略地球的公转，那么地球上的这个兄弟对应的世界线是一条与时间轴平行的直线，即图 4–1 中从 P 到 Q 的 A 线，A 线的长度就是地球上的这个兄弟经历的时间。而出去旅行的那个兄弟要加速出去，再变速返回来，他对应的世界线就是 B 这条曲线。B 的长度 τ 就是进行宇宙飞行的这个兄弟经历的时间。谁的世界线长谁就会更老，谁的世界线短谁就更年轻。大家一看图 4–1，地球上这个人的世界线是直线，出去那个人的世界线是曲线，曲线比直线长，所以地球上的人年轻，出去的人应该老，你怎么说是出去的人年轻地球上的人老呢？你是不是搞错了？我没有搞错，而是曲线比直线长的这个判断是错的。为什么呢？因为你上了非欧几何的当。在四维时空当中，欧几里得几何是不成立的。在欧几里得几何当中，图 4–1 这种情况下曲线是比直线长的，两点之间最短的线是直线。直角三角形斜边长度的平方等于两条直角边长度的平方和，例如 $ds^2 = dx^2 + dy^2$，所以斜边比任何一条直角边都要长。这是欧几里得几何的结论。而四维时空当中的这个几何是非欧几何，非欧几何的时间项的前面和空间项的前面是差正负号的。因为差一个正负号，所以四维时空中三角形斜边长度的平方等于两条直角边长度的平方差，$\mathrm{d}\tau^2 = \mathrm{d}t^2 - \mathrm{d}x^2 / c^2$，曲线的长度反而比直线短，所以出去旅行的这个人经历的时间 τ 短，而留在地球上的这个人经历的时间 t 长，也就是说 A 这条直线比 B 这条曲线要长，这就是相对论的结论。

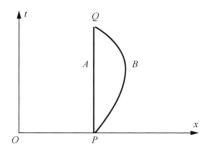

图 4-1　双生子佯谬

那么有人会说，由于运动的相对性，从飞船上的人的角度来看他自己没动，是地球出去转了一圈回来了，对不对？这样看的话，是不是应该地球上的人年轻而飞船上的人年老呢？这是不对的。对于飞船上的人，确实从相对运动的观点来看，他觉得地球转了一圈又回来了。但是这里有个问题，飞船上的人看到的地球加速出去，然后又转回来，这个加速是假的。为什么呢？加速的物体是应该受到惯性力的，地球上的人并没有受到这个惯性力，而飞船上的人加速和减速的时候都受到了惯性力，所以这个加速是真加速，地球人是假加速。因此飞船上的人年轻是肯定的，地球上的人肯定岁数比他要大。这就是相对论对于双生子佯谬的解答。

相对论与牛顿物理学的分水岭——光速不变原理

爱因斯坦认为他的相对论跟牛顿的经典物理理论的分水岭，不是相对性原理，而是光速不变原理。

牛顿的经典物理学里的相对性原理就是伽利略相对性原理——"一切力学定律在不同惯性系中具有相同的形式"。只不过在爱因斯坦那个时代已经出现了电磁学，电磁学定律是不是在所有的参考系当中都一样？洛伦兹认为不一样，但是爱因斯坦认为一样，所以爱因斯坦确实是坚持了相对性原理。不过有其他一些物理学家也赞同，电磁学定律满足相对性原理。所以爱因斯坦说，相对论跟牛顿理论的分水岭不在相对性原理，关键在于光速不变原理。

什么是光速不变原理？光速不变原理是说光的速度跟光源相对于观测者的运动速度没有关系。就是说有一个光源在这里发出光，观测者在旁边站着不动，他测到的光速是 c，假如观测者迎着光以速度 v 跑过来，他测到的光速是多少？一般人想应该测到的是 $c + v$，但是爱因斯坦说不对，他测到的也应该是 c。如果他以速度 v 跟着光一块跑，那么测到的光速是多少？一般人认为应该是 $c - v$，而爱因斯坦认为他测到的也是 c。就是说光速跟光源相对于观测者的运动是没有关系的，这一特点叫光速不变原理。

我曾看到有的文章中说庞加莱提到过光速不变原理。庞加莱确实假设过光速在真空当中是各向同性的，即来回的光速是一样的，或者说"约定"或"规定"它是一样的。因为只有有了这一"规定"，才能把几个地方的钟对好，这一点是很多人所没有注意到的。有的人想，你那里有个钟，我这里也有个钟，我打个电话告诉你我这里钟是几点，你对好就完了。但是电磁信号传播过去是需要时间的。而要想知道这个时间，又首先要把光的速度确定，但是光速又是未知的。那么怎么办呢？庞加莱认为，可能首先要假定光速从 A 到 B 的速度和从 B 到 A 的速度是一样的，只有这样假定以后，才能把两个地方的钟对好，才能去测光速。

庞加莱的这一观点是对的，爱因斯坦也接受了这一观点，但这不是光速不变原理。光速不变原理是说光速跟光源相对于观测者的运动没有关系，这才是真正的光速不变原理。这个原理是谁提出来的？是爱因斯坦！他是唯一的提出者。

相对论究竟是谁提出的

相对论是一个时空理论，认为时间和空间是一个整体，能量和动量是一个整体。我们现在所说的这个相对论，是被后人称为狭义相对论的那部分，它还没有考虑到物质造成时空弯曲的情况。那么究竟是谁创建了相对论（狭义相对论）？其实相对论的很多结论，在相对论诞生之前，就有不少前期的研究工作出现，但是真正创建相对论的就是爱因斯坦一个人。

大家知道，洛伦兹提出洛伦兹收缩，所以相对论中仍然保留有洛伦兹收缩这个名称，但洛伦兹提出的这个收缩是"凑出来"的，而爱因斯坦得到的这个收缩是从相对论推出来的。而且这个收缩公式的第一个提出者并不是洛伦兹，而是爱尔兰的物理学家斐兹杰惹。大家看到的斐兹杰惹的论文发表在 1893 年，洛伦兹的论文发表在 1892 年，所以起先学术界都认为是洛伦兹先发现这一收缩公式的。但是斐兹杰惹说，他在跟学生上课的时候就讲过这个收缩公式。他的学生也都承认这一点。可是他的论文发表在 1893 年，在洛伦兹之后，所以斐兹杰惹到去世的时候，也没能证明自己比洛伦兹先得到这个公式。但是他去世以后，他的学生想给老师讨一个公道，就想起了老师曾经给英国的《科学》杂志投了一篇稿，不是美国那个著名的《科学》杂志。斐兹杰惹投稿以后不久这个杂志就停刊了，所以大家都认为他的东西没登出来。后来他的学生查出来这个杂志在它停刊前的倒数第二期上面登了斐兹杰惹的论文，于是大家就知道斐兹杰惹确实在 1889 年就已经提出了这个收缩公式，所以这个公式肯定应该叫作洛伦兹 – 斐兹杰惹收缩公式，甚至可以叫斐兹杰惹 – 洛伦兹收缩公式。

还有其他一些人对相对论的前期研究有贡献。比如庞加莱，庞加莱认为没有绝对空间，但是他认为有以太。其实只要认为有以太，就是认为存在一个优越参考系，就不算是彻底坚持了相对性原理。

现在我们来看，为什么说爱因斯坦是狭义相对论的唯一创建者呢？洛伦兹承认有绝对空间；庞加莱认为没有绝对空间，但是认为有以太，还认为存在一个优越参考系。爱因斯坦认为以太和绝对空间都不存在，他彻底坚持了相对性原理。

另外，爱因斯坦提出了光速不变原理，根据这一原理，两个事件是否"同时"发生，在不同的参考系中看，会有不同的结论。例如，一个人在运动参考系中看，一个人在静止参考系中看，发生的两件事情是否"同时"，两个人的观点是不一样的。如果在静止系中的人认为这两件事情是同时发生的，在运动系中的人会认为它不是同时发生的。而运动系中认为同时发生的两件事情，静止系中的人也会认为不是同时发生的。同时性的这种相对性就是由光速不变原理直接导致的。研究表明，同时性的相对性正是相对论的主要难点和核心结论。所以爱因斯坦说光速不变原理是相对论和以前的那些经典理论的分水岭。

　　洛伦兹一开始反对相对论，后来改变了态度；庞加莱一直到死都不承认相对论正确。当时，苏黎世大学想聘请爱因斯坦当教授，曾经征求庞加莱的意见，问他觉得爱因斯坦是不是够教授水平。庞加莱写了一封信，说"爱因斯坦确实是最能够提出新观点的人之一，但是他现在是在向不同的方向摸索，我觉得他那些摸索大多数可能是死胡同，但是如果最后证明其中有一个方向是正确的，他就很不错了"。这是他对爱因斯坦的评价。结果历史跟庞加莱这位数学大师开了一个很大的玩笑，历史表明 1905 年爱因斯坦的那几个新结论全部都是正确的。庞加莱到死也没有承认相对论是正确的。爱因斯坦跟他的那些朋友讲，庞加莱根本不懂相对论。

　　爱因斯坦原来特别希望庞加莱能支持他的相对论。爱因斯坦第一次见到庞加莱是在一次会议上，他起先寄予很大希望，希望庞加莱能支持他。庞加莱那么大声望的人如果能支持他，他的理论就容易被大家接受了。爱因斯坦在去参会之前跟他的几个朋友说，我还从来没有见过一位杰出的物理学家。一个朋友挺爱开玩笑的，说难道你没照过镜子吗？他见了庞加莱以后非常失望，回来后说，庞加莱根本不懂相对论。庞加莱说了很多没有高度评价爱因斯坦的话之后不久就去世了，所以他也没来得及改正自己的评价。

　　这里借用杨振宁先生的几句评价结束本课：洛伦兹只有近距离的眼光，没有远距离的眼光；庞加莱只有远距离的眼光，没有近距离的眼光；只有爱因斯坦有自由的眼光，既能够近距离，又能够远距离地看一个问题，所以他成了相对论的创建者。

第五课
万有引力不是普通的力

爱因斯坦为什么要发展狭义相对论

接下来讲弯曲的时空——广义相对论。狭义相对论是说时间和空间是一个整体，能量和动量是一个整体，但是没有说这两者之间有什么关系。爱因斯坦把他的狭义相对论发展为广义相对论之后，就把这个关系捋清楚了。

爱因斯坦的狭义相对论提出来之后，有一些人说他这个不对，那个不对，批判他，有的站在哲学的观点上批判他，唯物主义者说他不够唯物，唯心主义者说他不够唯心。反正是说什么的人都有，爱因斯坦都懒得理他们。

爱因斯坦也觉得自己的相对论是有问题的，但是，不是这些人说的问题，这些人都没看懂他的相对论。什么问题呢？第一，相对论是建立在两个惯性系之间的变化的基础上的，可是惯性系现在没法定义了。为什么呢？因为在牛顿的理论当中存在一个绝对空间，凡是相对于这个绝对空间静止的，或者做匀速直线运动的参考系，就是惯性系。爱因斯坦说没有绝对空间。那么这个惯性系怎么定义？就不好定义了，一些人认为可以这样定义：如果在一个参考系当中，一个不受力的质点，能保持静止或者匀速直线运动状态的话，这个参考系就是惯性系；换句话说就是用牛顿第一定律来定义惯性系，如果第一定律在其中成立，这个参考系就是惯性系。

可这时候又会有一个问题：你怎么知道这个质点没有受到力？如果说是因为没有东西碰它，所以它没有受到力，但是没有东西碰它，也可能有外场。你也没法判定这个质点到底有没有受到力。想说明这个质点没有受到力的最好的办法，就是这个质点在惯性系中保持静止或者匀速直线运动的状态不变。但是要这么说就有问题了，因为惯性系还没有被定义。为了定义惯性系，要用到不受力这个概念，而定义不受力，又要用到惯性系这个概念，这是个逻辑循环，所以这样定义惯性系肯定不行。反复思考后，爱因斯坦认识到，惯性系还真不好定义。

再有一个困难是万有引力定律放不进相对论的框架。当时人们就知道两种力，一种是电磁力，另一种是万有引力。电磁力正好适合相对论。人们发现麦克斯韦的电磁理论和伽利略变换有矛盾的地方，原来是因为麦克斯韦电磁理论实际上已经是相对论性的理论了，但是伽利略变换还不是相对论性的。一旦爱因斯坦用洛伦兹变换取代伽利略变换、完整建立起相对论体系以后，电磁理论就自然适合相对论了，所以没有问题。但是万有引力定律怎么写都写不成相对论的形式。一共就知道两种力，其中一种力就不适合相对论，所以他觉得这里面大有问题。

爱因斯坦是怎么考虑的呢？他想既然惯性系不好定义，我们是不是可以不要惯性系？因为提出惯性系概念是要表述相对性原理，无非是要说物理定律在所有惯性系当中都一样。我现在推广一下，让物理定律在所有参考系当中都一样，那就可以不要惯性系了。于是他就把相对性原理推广为"广义相对性原理"——物理定律在所有的参考系当中都一样。但是物理定律真的在所有的参考系当中都一样吗？明摆着非惯性系跟惯性系是不一样的，非惯性系中存在惯性力，而惯性系中没有。比如一个转动圆盘上面的一个不受外力的质点，虽然没有东西碰它，它还是要受到惯性离心力。而且这个质点如果运动的话，还会受到科里奥利力。显然惯性系和非惯性系是不一样的，你怎么能说它们两个是一样的呢？这是一个很大的问题。爱因斯坦反复思考这个问题。他想到，其实牛顿在谈论引力和惯性力的时候，是有一些值得注意的论述的。

牛顿水桶实验说明了什么

牛顿力学中有个牛顿第二定律，公式为 $F=ma$，其中用到了质量 m，还有万有引力定律也用到了质量 m。这两个质量一样吗？是同一个质量吗？

爱因斯坦注意到了牛顿在他的《自然哲学的数学原理》里关于质量定义说过的两段话。他认为什么是质量？他认为质量是物质的量，跟物体的重量是成正比的。也就是说，他的意思是用万有引力效应来定义质量，万有引力效应强的物体质量就大，万有引力效应弱的物体质量就小。这就是万有引力定律中出现的那个 m，这个是引力质量。而牛顿在这本著作的另外一个地方又提到，物体的质量是跟它的惯性成正比的，这就是 $F=ma$ 中的那个 m，这个是惯性质量。没有证据表明引力质量就等于惯性质量，这一点牛顿是知道的。所以，当他说引力和惯性力都是跟质量成正比时，他也在怀疑引力质量和惯性质量是否真的严格相等。

牛顿为了论证存在绝对空间，曾经设想过一个水桶实验，如图 5-1 所示。这个实验是说，有一个桶，桶里边装了多半桶水，刚开始的时候桶没有转，水当然也没有转，都是静止的，这时候水面是平的，因为没有受到惯性离心力，如图 5-1(a) 所示。然后让桶以角速度 ω 转动起来，但是由于桶壁和水的摩擦力比较小，这时候桶以角速度 ω 转了，但水没有转，所以水面依然是平的，如图 5-1(b) 所示。然后水渐渐地被桶带动起来跟桶一起以角速度 ω 转了，水面就成了凹的了，如图 5-1(c) 所示。然后让桶突然停止，桶不转了，水继续以角速度 ω 转，这时水面仍是凹的，如图 5-1(d) 所示。也就是说在图 5-1(c) 和图 5-1(d) 这两个阶段，水受到了惯性离心力；在图 5-1(a)、图 5-1(b) 这两个阶段，水没有受到惯性离心力。图 5-1(a) 阶段，水相对于桶是静止的，没有受到惯性离心力。在图 5-1(c)

阶段，水相对于桶也是静止的，因为水和桶都在转，但是水受到了惯性离心力。图 5-1(b) 阶段是桶转水不转，图 5-1(d) 阶段是水转桶不转，这两个阶段中水相对于桶都在转，但是图 5-1(b) 阶段水没有受到惯性离心力，图 5-1(d) 阶段水却受到了惯性离心力。

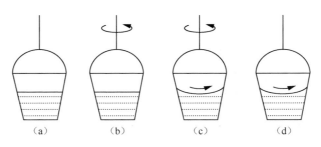

图 5-1　牛顿水桶实验

　　所以牛顿就得到一个结论，水受不受到惯性离心力，也就是水面变不变成凹形，跟水相对于桶的转动是无关的。那么和什么有关呢？牛顿说这个实验表明存在一个绝对空间。水相对于某一个物体转动，它不会受到惯性离心力，只有相对于绝对空间转动的时候才是真转动，才会受到惯性离心力。比如在图 5-1(c) 阶段，水和桶都在转，水相对于桶虽然不转，但是水相对于绝对空间转了，所以它受到了惯性离心力。在图 5-1(d) 阶段时，桶静止了，水在转，水相对于桶转，这不重要，关键是水仍相对于绝对空间在转，所以它受到了惯性离心力。在图 5-1(a)、图 5-1(b) 阶段时，水相对于桶转动与否，也没有关系。因为这两个阶段水相对于绝对空间都是静止的，所以都没有受到惯性离心力。因此，牛顿认为，这个水桶实验表明存在绝对空间，并且还表明转动是一种绝对运动。不是说相对于某个物体转就是真转了，只有相对于绝对空间的转动才是真转动。刚开始大家都赞同牛顿的水桶实验，认为它似乎真的论证了绝对空间的存在，没有人认为有什么问题。

在爱因斯坦那个时代，有一位比爱因斯坦年长的教授马赫，他是奥地利的物理学家，他最大的贡献就是提出了计量物体超声速运动的马赫数。马赫有一个非常了不起的地方——他敢说"祖师爷"不对。他写了一本书，说牛顿不对。他说根本就没有什么绝对空间，也没有以太。水受到惯性离心力，不是因为它相对于绝对空间运动，而是因为水相对于宇宙中所有的物质转动了。这也相当于水不动，宇宙中所有的物质反向运动，反向运动的物质对水施加了一个影响，使水受到了惯性离心力，也就是说惯性离心力是由相对加速的物质之间的相互作用产生的。

爱因斯坦当年在奥林匹亚科学院跟他那几个年轻伙伴讨论科学问题的时候就看过这本书，议论过这件事，爱因斯坦对此印象非常深刻。他觉得马赫太了不起了，讲的太对了。按照马赫的观点，爱因斯坦认为惯性力也是一种由相互作用产生的力。牛顿的理论认为引力是物质之间的相互作用产生的，而惯性力是跟物质间的相互作用无关的。按照马赫的观点，惯性力也是产生于物质之间的相互作用，是由于物质之间的相对加速而引起的。所以爱因斯坦觉得惯性力和万有引力可能有着相同或者相近的根源，他把马赫的观点往前具体推进了一步。

从比萨斜塔到苹果落地

大家可以想一想，万有引力定律是怎么提出来的。最早研究万有引力的是伽利略。传说伽利略在比萨斜塔上做过一个自由落体实验，拿两个质量不同、成分不同的物体从那个塔上同时松手，让它们自由下落，结果两个物体同时落地。比萨那个地方地质结构有问题，斜塔可不止这一个，但是通常指的是图 5-2 中的这个斜塔。一般大家都说伽利略在上面做过自由落体实验，两个物体同时落地了。后来意大利的科学史专家对这事进行了考证。考证的结果是，可能有人在比萨斜塔上做过自由落体实验，但是肯定不是伽利略。伽利略也可能做过自由落体实验，但是肯定不是在比萨斜塔上面。比较可靠的是，几个不相信伽利略观点的人，在上边做了这个实验，他们拿了两个不同的物体，结果一撒手，两个质量不同的物体没有同时落地，于是塔底下支持和反对伽利略的人之间就爆发了一场争吵，支持伽利略的人说他们的双手没有同时松开之类的。其实就算他们同时松开双手，两个物体也不可能同时落地，因为存在空气阻力。必须在真空条件下，排除了空气阻力以后才能够精确地做这个实验。实际上，伽利略是用斜面实验，最后推论出自由落体的运动规律的。

图 5-2 比萨斜塔

对万有引力的进一步研究，是几十年后牛顿进行的。他得到了万有引力定律。

牛顿出身贫寒，他是个遗腹子，小时候生活是很凄惨的。后来他母亲改嫁给了一个牧师，那个人有一个庄园。牧师去世后，庄园就留给他们家了。牛顿在大学毕业后留校工作，工作不久后伦敦暴发了后来被认为是鼠疫的瘟疫，他到庄园里躲避了两年。传说他经常在一棵树底下思考问题，有一次突然有个苹果落下来了，他一下想出了万有引力定律。这个说法不太可靠。

牛顿和苹果的故事什么时候产生的呢？大思想家伏尔泰在法国受到迫害后便逃到英国。伏尔泰是个文豪，本来不懂什么科学，到那儿以后正好赶上牛顿去世，好几万人给牛顿送葬，对他触动非常大：这个人太伟大了，这么多人给他送葬，怎么回事？于是他就去拜访了牛顿的亲属。牛顿一辈子没有结婚，原来是靠他的同母异父的妹妹照料生活，他妹妹去世后，又靠他的外甥女照料。伏尔泰拜访的就是牛顿的外甥女婿，牛顿的外甥女婿给他讲了这个苹果落地的故事，伏尔泰觉得太有趣了，于是写了一篇文章，使得全世界都知道了牛顿和苹果的故事。其实这个故事完全不可靠，除去牛顿的这位亲属外，以前没有人讲过或听说过这个故事。几十年前牛顿跟胡克争夺万有引力定律的发现权，争夺得那么激烈，他都没讲过苹果落地的故事。牛顿可不是个谦虚的人，如果这个故事真的存在，他肯定会讲，这会使他发现万有引力定律的时间提前几十年，使胡克望尘莫及。而他没有讲，可见这个故事是完全靠不住的。但不管怎么说，万有引力定律的主要发现者确实是牛顿。

爱因斯坦的电梯实验

我刚才说了牛顿对于质量有两个定义。一个定义是，质量是物质的量，质量跟物体的重量成正比；另外一个定义是，质量是物体惯性的量度，跟它的惯性效应的强弱成正比。这是两个不同的质量，这两个质量是否相等？不知道。伽利略对自由落体运动的研究表明，这两个质量应该是相等的。如式 (5–1) 所示，式子左边的 m_g 表示的是引力质量，g 是引力场强度，而右边是惯性质量 m_I 和加速度 a。

$$m_g g = F = m_I a \qquad (5\text{–}1)$$

如果这一公式成立，a 等于 g，即加速度等于引力场强度，那么就会得到 m_I 等于 m_g，也就是说引力质量和惯性质量相等。

但是伽利略的自由落体实验非常粗糙，牛顿觉得还不足以证明引力质量和惯性质量相等，于是他就设计了一个单摆实验来检验。上过中学的同学都知道，单摆运动的周期为 $2\pi\sqrt{\dfrac{l}{g}}$，g 是当地的重力加速度，l 是摆的长度。

其实这个公式在从牛顿的万有引力定律和牛顿第二定律推导出来的时候，它除去含 l 和 g 以外，根号里还有 m_I 和 m_g 两项，但通常认为这两个量相等就消掉了，于是就得到了我们通常所说的单摆周期公式，见式 (5–2)。用这个公式可以验证引力质量和惯性质量是否相等，即 m_I 和 m_g 可否简单消去。牛顿经实验检测后认为，它们的差异不会超过 1‰，但是此实验还不够精确。

$$T = 2\pi\sqrt{\dfrac{m_I l}{m_g g}} = 2\pi\sqrt{\dfrac{l}{g}} \qquad (5\text{–}2)$$

到了爱因斯坦那个时代，匈牙利的物理学家厄缶用扭摆在 10^{-8} 的精度下，仍没有测出引力质量和惯性质量的差异。

爱因斯坦知道引力质量和惯性质量精确相等以后，有一次在办公室里突然想到，假如有一个人从楼上掉下来，他会是什么感觉呢？爱因斯坦觉得，这个人会感觉自己没有重量，会出现失重的感觉。

爱因斯坦灵光一闪。他后来说这个想法把他引向了广义相对论。

他构思了一个思想实验——电梯实验（又称升降机实验），如图 5-3 所示。

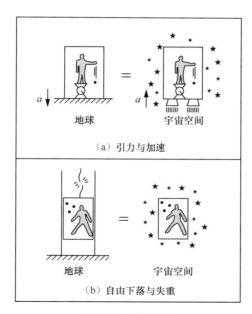

图 5-3　电梯实验

这个思想实验是这样的。假设有一个电梯，里面有一个人，他看不见外界。这个电梯停在地球的表面上，电梯里的人拿着个苹果，脚底下有个磅秤，人受到了地球的引力，所以磅秤有读数显示。他一松手这个苹果就自由下落。但是假设这个电梯处于不受引力影响的宇宙空间，并以加速度 a 往上加速，它受到一个向下的惯性力，这个惯性力使电梯里的人觉得自己有重量，他一松手这个苹果也会自由落地。所以封闭电梯里的人没法区分他是在地球上静止不动而受到了重力，还是在一个远离地球、不受引力影响的地方，由于电梯加速而受到了惯性力。另外，如果他是在星际航行中，他关闭了发动机，就不会受到惯性力了，这时候他就有失重的感觉。如果电梯在地球表面上方，由于电梯上方的绳断了而做自由落体运动，电梯里的人也会有同样的失重感觉。所以他没法判定自己是在地球的表面上自由下落，还是在一个远离所有星球的地方，关闭了发动机，在那里自由地做惯性运动。他没法区分惯性力和万有引力。也就是说在一个无穷小的空间当中，万有引力和惯性力是没法区分的，这个就叫等效原理。但是这个原理只在一点的邻域成立，如果有两个点，你还是能够区分惯性力和万有引力的。

为什么说万有引力不是普通的力

等效原理就是"引力和惯性力等效"这一原理；广义相对性原理就是所有的参考系都平等，不论是惯性系还是非惯性系。这两个原理就是爱因斯坦创建的广义相对论的基础。广义相对论有一个重要的思想，就是万有引力不是普通的力，而是时空弯曲的表现。这个从伽利略的自由落体实验就可以得到启发，假如在真空中做自由落体实验，不管物体质量是多少，也不管化学成分是什么，它的下落规律都一样。而且你可以想得更开阔一点，假如在一个真空的环境当中，我们把一个铁球和一个木头球作为斜抛物体用弹簧弹出去，如果它们抛射的角度是一样的，它们抛射出来时的初速度也是一样的，那么它们在空中描出的抛物线的轨迹就会是一样的，跟它究竟是铁球还是木头球没有关系，跟质量和化学成分也没有关系。这是怎么回事呢？

可能很多人会一直琢磨，总也想不通，但爱因斯坦就从这里想到，万有引力很可能是一个几何效应。如果是几何效应的话，物体抛射的轨迹就真的跟物体的质量和化学成分都不会有任何关系了。如果按照他这个观点，万有引力实际上是时空弯曲的表现，万有引力不算力，那么地球上的自由落体运动就是一种惯性运动，行星绕日的运动也是一种惯性运动。

我来跟大家仔细地解释一下。比如说我托着一个杯子，按照牛顿的理论，这个杯子受到了一个重力，还受到了一个我对它的支持力。这两个力的合力是零，所以它不动、处在惯性状态。我一松手，它只受到了万有引力，那么它就做匀加速直线运动，落向了地面。这不是惯性运动，这是牛顿的理论的解释。按照爱因斯坦的理论，我托着杯子的时候，它只受到了一个力，就是我对它的支持力，而万有引力不是力。所以杯子的合力不是零，它处的状态不是惯性状态。而我一松手的时候，杯子只受到了万有引力，可是万有引力又不是力，所以这个自由落体是在做没有受到力的运动，也就是说自由落体运动是惯性运动。

同样，地球绕着太阳转的时候，它受到力了吗？按照牛顿理论，它受到了万有引力。我们可以从牛顿的万有引力定律推出开普勒行星运动三定律来。但是按照广义相对论，万有引力不是力，所以地球绕日运动是没有受到任何力的惯性运动。有意思的是，伽利略当年提出惯性运动的时候说过，静止状态属于惯性运动，匀速直线运动是惯性运动。除此之外，他还说了一句错误的话，说匀速圆周运动也是惯性运动。但是我们通常都有一个习惯，科学家说的对的东西我们就拿过来用，说错的我们就不提了，所以他的这句错话后人一般都不知道。伽利略为什么说匀速圆周运动是惯性运动？他肯定是想到了行星绕日运动一刻不停，似乎没受到什么力。当时人们认为行星绕日的运动是匀速圆周运动，所以他认为匀速圆周运动也是惯性运动。大家都知道伽利略错了，但是后来我们知道了，其实他错的东西当中还有对的成分：行星绕日的运动不是圆周运动，而是一种椭圆运动，而这种在万有引力作用下的椭圆轨道运动按照爱因斯坦的广义相对论，真的是惯性运动。

我们怎么理解广义相对论所描述的时空弯曲呢？可以设想有四个人拉开一个床单，拽直四个角以后，床单就是平的，把一个玻璃球搁在上面，一滚它就做匀速直线运动，这个就可以形象地表示物体在平直时空当中的运动。假如放一个铅球在床单上，这个布就凹了。再把玻璃球放在上面，它就会向铅球滚过去。你可以把这个铅球想象成地球，把那个玻璃球想象成我手里拿的杯子。玻璃球之所以会滚过去，按照牛顿的解释，是因为铅球用万有引力吸引它，它就过去了，也就是说地球用万有引力吸引这个杯子，杯子就成自由落体了；按照爱因斯坦的广义相对论，铅球（地球）只是让空间弯曲了，在弯曲的空间当中，自由的质点（杯子）做惯性运动就是朝铅球滚过去了。另外，如果把铅球看作太阳，玻璃球看作地球，你一扔玻璃球它就围着铅球在凹的布上转起来，它为什么不跑掉呢？按照牛顿的解释，因为铅球的万有引力拽着它；按照爱因斯坦的想法，铅球（也就是太阳）让周围空间变弯了，在弯曲的空间当中，玻璃球（也就是地球）绕着铅球转动，这是惯性运动，玻璃球不会逃离。

第六课
弯曲的时空——广义相对论

从欧氏几何到非欧几何

欧几里得几何学（简称欧氏几何）是公元前 3 世纪就提出来的几何学分支，其中的第五公设，也就是我们熟知的平行公理，它的等价表述是"过直线外的一点可以引一条直线与它平行，而且只能引一条"。这条公理很长，所以很多人想，能不能由其他的公理和公设把它证出来，结果证了 2000 年也没证出来。

最后在 19 世纪初期，这个情况有了变化。匈牙利有一位年轻的数学家，叫波尔约，他用反证法思考这个问题，假设过直线外的一点，能引两条以上的平行线，想引出谬误，结果引了很长时间也没有引出谬误来。有一天，波尔约突然想到，假设过直线外的一点，可以引两条以上的直线跟它平行，用这个假设取代欧氏几何中的平行公理，是否也能够建立一套几何学体系。他就把自己的这个想法写信告诉了父亲，并附上了研究手稿。他父亲是一位数学教授，刚开始听说儿子在研究平行公理时很忧虑，劝他别研究这个了，说自己就是因为研究这个问题，最后一辈子也没什么大成就。可是这时候波尔约已经有了一套比较完整的理论，他父亲看到儿子完整的研究手稿挺高兴，就把它寄给他的老同学高斯看。高斯看了以后给他回信说："我实在没法赞扬你的儿子，因为赞扬他就等于赞扬我自己，其实你儿子这个想法我三十几年前就有了。"波尔约知道这件事以后非常生气，觉得高斯想凭借自己的声望，窃取他的研究成果，一气之下就不再搞这个研究了。

最后，波尔约的父亲在自己出版的一本数学书的后边，把儿子的这项工作作为附录发表，世人才知道了波尔约的贡献。

其实更早一点的贡献者是俄国的罗巴切夫斯基，他是喀山大学的教授。最初他也是想用反证法证明平行公理。他基本的想法跟波尔约是差不多的，他假设过直线外的一点可以有两条以上的直线跟它平行，然后建立一套新几何学体系。他把这个成果写信寄给了圣彼得堡科学院。圣彼得堡科学院的那些院士们一看，说："这教授怎么回事，过直线外的一点怎么能引两条平行线？"于是拒绝发表。过了一段时间，由于没收到消息，罗巴切夫斯基又寄了一篇文章过去。那些院士们就开始烦他了，决定以后不再看罗巴切夫斯基有关这方面的文章。

罗巴切夫斯基当时很生气，但也没办法。然后他就想到欧洲去讲学，看看能不能得到支持。他在德国发表演讲的时候，高斯去听了，但是高斯没有说什么，罗巴切夫斯基也没有得到其他任何人的支持。高斯最后向格丁根皇家科学院推荐，说罗巴切夫斯基教授水平很高，建议格丁根皇家科学院吸收他为通讯院士，就是给他一个荣誉，但是高斯并没有说支持他的新几何学。

高斯在日记和给他朋友的信中说："我相信当时在会场上只有我一个人听懂了罗巴切夫斯基先生讲的内容。"但是高斯不想公开支持他。为什么呢？高斯这个人特别胆小，他想欧氏几何可是教会支持的。当年哥白尼遭到那么多的打击，就是因为教会支持地心说，而他提出了日心说。高斯一生成就多得很，他不想惹事，所以他没有公开支持罗巴切夫斯基。

虽然罗巴切夫斯基的几何学没有得到支持，但是回到国内以后，沙皇政府一看，德国人还挺看得起他，让他当了通讯院士，看来他还真有水平，于是提拔他当喀山大学校长。但是他的几何理论依然没有得到支持。然后他还是写信给圣彼得堡科学院想发表文章，那些院士们仍然不给他登。结果他只能在喀山大学学报上登。实际上他的文章比波尔约的还要早，但是他只登在喀山大学的学报上，外国人看不见。因为俄罗斯位于欧洲的边缘地区，人家不知道他的发现。后来他双目失明，凭着口述，让学生把这个新几何学的理论记录下来了。后来大家才逐渐认识到他的工作是对的。

此后，德国数学家黎曼提出另外一个假设，假定过直线外的一点一条平行线也引不出来，又建立起另一套几何学体系。这样就有罗氏几何、黎氏几何，再加上原来的欧氏几何，一共三套几何学体系。后来人们发现黎氏几何描述的是正曲率的空间，比如球面；欧氏几何描述的是零曲率的空间，例如平面；而罗巴切夫斯基那个几何描述的是负曲率的空间，例如伪球面。三种几何学体系，描述了不同曲率的曲面。最后，黎曼又把它们统一起来，这就是后来的黎曼几何。黎曼用这一项工作，在格丁根大学求得了一个讲师的职位。

广义相对论的创建

爱因斯坦建立他的广义相对论，还真是费了很大的劲。因为我们通常用的几何都是欧氏几何，不能够满足他的需要。他需要描述弯曲空间。

爱因斯坦研究弯曲空间的时候，想找一种合适的数学工具，于是就请他的朋友格罗斯曼帮忙查找对他有帮助的数学知识。格罗斯曼停下自己的研究，查了几天文献，然后告诉他说，意大利有一批人正在研究黎曼几何，那个可能对他有帮助。而且格罗斯曼放下了自己的研究，跟爱因斯坦一起琢磨黎曼几何，帮助爱因斯坦掌握了黎曼几何，但是真正搞突破的还是爱因斯坦。

爱因斯坦跟格罗斯曼合作，得到了一个物质的存在如何影响时空弯曲的方程，但是这个方程不对。1915 年爱因斯坦去德国找希尔伯特讨论，然后不到一年就得到了正确的方程，就是式 (6–1)，其中等号右边是物质项，左边是时空曲率。

$$R_{\mu\nu} - \frac{1}{2}\,g_{\mu\nu}R = -k\,T_{\mu\nu}$$ (6–1)

这个公式描述了物质的存在如何影响时空的弯曲。这里边也有一段很有意思的故事。1915 年的五六月份的时候，爱因斯坦在德国普鲁士科学院介绍了自己在弯曲时空等方面的研究成果，并说明当时还没有得到正确的方程。他讲了大概一个星期，希尔伯特等人都在底下听。过了些日子，到了 9 月份的时候，爱因斯坦听说希尔伯特发现他的演讲里有错误，而且听说希尔伯特正在研究他的错误，寻找正确的方程，同时他也发觉自己的演讲当中确实有错误。

这下爱因斯坦急了，然后赶快在普鲁士科学院继续不断地发表演讲，每周演讲一次，报告他的工作进展，后来终于得到了正确的结果。1915 年 11 月 25 日，他把他的稿子投给了一家杂志社，12 月 5 日就登出来了。可希尔伯特早在 11 月 20 日就完成了自己的论文，比他早五天，而且也投了稿，但是直到 3 月 1 日才登出来。关键是希尔伯特的稿子里最初没有正确的场方程，而是他在修改稿子清样的时候加上去的，因为这时候他看到了爱因斯坦已发表的论文，所以这项工作的成就依然主要是爱因斯坦取得的。

希尔伯特曾经也想加入这个研究，但是爱因斯坦在这个问题上并不想谦让。希尔伯特有一次给爱因斯坦写信时讲"我们的研究"如何如何，爱因斯坦说这是我的研究，什么时候成了"我们"的研究了？希尔伯特以后也就不再提这事了，承认这个成就是爱因斯坦的，于是这件事情就这样被肯定下来了。但是我们也知道，虽然这个成就确实是爱因斯坦的，但是希尔伯特肯定对他有帮助，要不然爱因斯坦不可能在到了德国以后不到一年的时间，就得到了广义相对论的正确方程。

广义相对论的基本方程有两个：一个是场方程，它告诉我们物质的存在如何影响时空弯曲；另外一个是运动方程，它告诉我们在四维弯曲的时空当中一个自由质点如何运动。爱因斯坦得到自由质点在弯曲时空中的运动方程时，发现此方程正是数学家已经得到的短程线方程。自由质点的运动是惯性运动，惯性运动就要沿着短程线走。短程线也叫测地线，是直线在弯曲时空当中的推广。其实，短程线不一定是两点之间最短的一条世界线，它也可能是两点之间最长的一条。广义相对论中由自由质点描出的短程线，就是两点之间的最长线。地球绕日的运动就是沿着短程线的运动。但是椭圆轨道不是短程线，椭圆轨道是三维空间当中的轨道。我们说的是四维时空中的短程线，如果把时间加上去的话，行星走的就是图 6-1 中的螺旋线，这就是四维时空中的短程线。

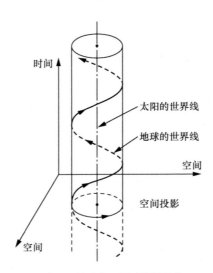

图 6-1　地球绕日运动的短程线

引力红移和水星轨道进动

爱因斯坦提出广义相对论的时候说，有三个观测的结果可以验证我这个理论。

第一个是引力红移。引力红移的意思是什么呢？就是时空弯曲可以造成钟变慢。时空弯曲得越厉害的地方，钟走得越慢。太阳表面处的时空，就比地球这里的时空弯曲得厉害，所以他说太阳表面的钟就比地球上的钟慢，不信你可以在太阳那里放一个钟。可是太阳那儿没有钟啊，而且你没法放，即使放了你也不敢看，因为那儿太亮了。爱因斯坦则说那里本来就有钟，什么钟呢？他提到了光谱线。每一种元素都有特定的光谱线，每一条光谱线就可以视为这种元素的原子当中，以这种光谱线的频率振荡着的一个钟。太阳表面有很多氢元素，地球上也有氢元素，我们把拍到的太阳上的氢原子光谱跟地球的实验室当中得到的氢原子光谱一比较，就会发现太阳那里的氢原子光谱线，每一条都比在地球上相应的氢原子光谱线波长更长，也就是频率更低，从而所有的光谱线向红端移动，这叫引力红移。为什么光谱线频率低了？就是因为太阳那里的时间变慢了。所以利用这个效应可以验证广义相对论。

后来天文观测确实证实了，太阳那里的氢原子光谱与我们这里的氢原子光谱相比，光谱线要向红端移动一些。但是这个观测很难做得很精确，因为太阳那里太阳风的流动和分子热运动导致的多普勒效应会叠加在引力红移效应上，所以引力红移很难测得很准。

但是还有其他观测的结果可以验证广义相对论，例如水星轨道近日点的进动，这个观测的结果十分精确。大家知道，开普勒行星运动三定律指出，行星绕日的轨道是一个封闭的椭圆，太阳位于其中的一个焦点上。牛顿万有引力定律也支持这一观点。但是天文观测发现，所有行星绕日的运动轨道都不是封闭的椭圆。所有的行星椭圆轨道的近日点，在行星的每一圈运动当中都在移动。也就是说，轨道本身在转。讲行星轨道进动时我们通常都是讨论水星，这是因为水星的这个效应最明显。水星不停地绕圈，它的椭圆轨道也在转动，近日点不停地在往前移，这个移动叫水星轨道近日点的进动，如图 6-2 所示。

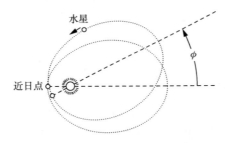

图 6-2　水星轨道近日点的进动

　　当时观测到的水星轨道近日点每 100 年有约 5600 角秒的进动。广义相对论提出之前人们已知道有各种影响进动的因素，包括天文学上的岁差的影响，其他行星对水星运动的影响，还有太阳自转的影响，但是所有的这些因素全部都扣除之后，还有每 100 年约 43 角秒的进动没有得到解释。

　　当时勒威耶曾经试图解释这个问题。勒威耶是海王星的发现者之一。自古以来，我们人类用肉眼只能够看到金、木、水、火、土五颗行星，加上我们的地球，一共是六颗。发明望远镜以后又发现了天王星。后来人们发现天王星轨道的观测值和计算值之间有一个偏差。当时英国的青年天文学家亚当斯认为可能存在一颗比天王星更远的行星，影响了它的运动。他就推算出了这颗未知行星的位置，并写信告诉了英国的格林尼治天文台。但是格林尼治天文台的工作人员一看信，觉得亚当斯是个无名小卒，就没管他，把他的信搁在一边了。法国的勒威耶也有类似的想法，他不知道亚当斯的工作，他也计算出这颗行星的位置，并把结果寄给了德国的柏林天文台，因为德国的天文台比法国的好。柏林天文台的台长手边就有一份星图，他正好想验证一下这份星图究竟怎么样，于是立刻就利用它去观测，一观测就真在勒威耶预言的地方发现了一颗行星，这颗行星就是海王星。英国人一看法国人发现了新的行星，马上想起来我们的亚当斯也预言过，按亚当斯计算的位置一找，也找到了，所以亚当斯和勒威耶都是海王星的发现者，这两个人都很了不起。

勒威耶发现了海王星以后并没有就此停止，他想这是远处的未知行星，那近处呢？水星这颗行星，它的轨道有进动，会不会是有一颗比水星离太阳更近的未知行星对它有影响？于是他就反过来算，算出了这颗未知行星在天空的大致方位。后来他还真的观测到有一个黑点在太阳的表面上移动。他非常高兴，觉得自己发现了新行星。因为这颗星离太阳近，他就把这颗星命名为火神星。过了不久人们就发现，这颗火神星其实是个太阳黑子，是太阳上的强磁场区，根本不是行星，所以水星轨道进动的问题一直没有解决。

爱因斯坦在研究广义相对论之前就知道有轨道进动这个效应，他对这个效应很感兴趣。研究广义相对论时，他就希望自己的新理论能够解释水星轨道额外进动的问题。结果，他的新理论真的把这每 100 年 43 角秒的进动给算出来了，这是对他的理论的非常精密的验证，爱因斯坦高兴极了。他在给别人的信中说："我高兴极了。你们知道我有多高兴吗？一连几个星期我都高兴得不知道怎么样才好。"

光线偏折与 GPS 定位

还有一个观测是光线偏折。根据广义相对论，太阳的存在会使周围的时空弯曲，所以太阳背后远处的恒星发出来的光，在路过太阳附近的时候，应该会出现一个偏转，如图 6-3 所示，这个偏转角可以用广义相对论计算出来。

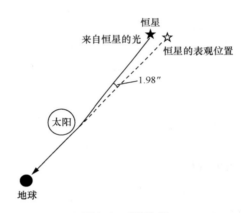

图 6-3　光线偏折

而牛顿的万有引力定律也认为，远方的恒星发出的光路过太阳附近时，光子会受到太阳万有引力的吸引，形成抛物线似的偏转效应，会有一个偏转角。但是牛顿理论的计算值只有广义相对论的计算值的一半。广义相对论认为这个偏转角是 1.75 角秒，牛顿理论认为是 0.875 角秒。

1919 年，英国天文学家爱丁顿等人对这个效应进行了观测。他们组织了两支观测队：一支在西非的普林西比，由爱丁顿率领；还有一支在巴西，由戴森带队。

为什么那时候要到那里去观测？就是因为 1919 年那两个地方恰好有

日全食。你想，太阳那么亮，你怎么能够看见太阳背后的星空？只有在日全食的时候才能看到。日全食的时候，对太阳拍一张照片，把它背后的星空拍出来。等太阳从天空的这个位置离开后，再拍此星空的一张照片。这两张照片一比较，就会发现有太阳存在时，远方恒星在天空背景上的位置变化了，这说明来自远方恒星的光线偏折了。

爱丁顿在普林西比那里观测时，不巧正好赶上下雨，真是倒霉。不过还好，在日全食快要结束的时候来了一阵风，吹开了云彩。他连续拍了一些照片，但是效果并不是特别好。戴森那边天气非常好，艳阳天，他非常高兴，结果拍完了一看，坏了，阳光把装胶片的铁盒晒得滚烫，胶片都变形了，数据都不能用。经过了一番处理以后，他得到一些可以勉强使用的数据。戴森观测的偏转角是 1.98 角秒，而爱丁顿测的偏转角是 1.61 角秒。广义相对论预言的是 1.75 角秒，牛顿理论预言的是 0.875 角秒，观测值接近广义相对论的结果而与牛顿的结果偏差比较大，所以这个结果支持了广义相对论。当时有记者采访爱因斯坦，问他听到这个消息有什么感想。爱因斯坦说他从来没有想过会是别的结果，他很自信。

几十年后，天文学家又测无线电波途经太阳附近时的偏转角。1975 年测到的是 1.76 角秒，跟 1.75 角秒已经非常接近了。2004 年的观测值和理论值之比，是 0.99983，这个偏转角测得更精确了。

还有一个验证广义相对论的实验，与 GPS（全球定位系统）有关。假设在 2 万米高空运行的卫星上和地面上各有一个钟，按照狭义相对论，地面上的钟是静止的，卫星上的钟是运动的。所以卫星上的钟会比地面上的钟慢。按照广义相对论，2 万米高空处时空弯曲的情况没有地面附近的时空弯曲得厉害，地面上的钟应该走得慢。这两个效应一减，得到的计算值跟现在的观测值基本上是一致的。所以这些实验和观测都支持了广义相对论。

　　爱因斯坦对自己提出广义相对论这一成就感到非常自豪。他说："如果我不发现狭义相对论，5 年之内就会有人发现；如果我不发现广义相对论，50 年之内也不会有人发现。"他很自信，情况也确实如此。

第七课
时空的膨胀与涟漪

到底有没有引力波

广义相对论预言有引力波存在。爱因斯坦 1915 年提出广义相对论，1916 年就说有引力波，后来又说没有，反复了几次。1936 年，爱因斯坦在美国的时候，有一次和助手算了一个空间中的引力波，起先以为有引力波，而算完以后发现没有，他就把计算手稿投给了美国的《物理评论》。《物理评论》现在是世界顶级的物理杂志之一，而那时候《物理评论》只在美国十分重要，在国际上，英国的《自然科学会报》和德国的《物理年鉴》更重要一些。

《物理评论》有个审稿制度，编辑收到的稿件必须先要经过匿名的同行评议。于是编辑就把爱因斯坦的稿件寄给一个懂广义相对论的人。这个人是研究宇宙学的，跟爱因斯坦住在同一个城市。编辑想，这个审稿人认识爱因斯坦，如果他觉得有问题，他会去找爱因斯坦，于是就把稿件寄给了他。这个人看了以后觉得爱因斯坦算错了。他当时恰好在外地，无法见到爱因斯坦，于是他就写了 10 页的评审意见，说文章有错误，应该改正。

《物理评论》编辑部就把匿名评审意见寄给了爱因斯坦，请他修改或反驳一下。爱因斯坦一看顿时火冒三丈，心想你们也不看看我是谁，还找个专家来评审，这个专家居然还写了 10 页的评审意见说我不对。于是爱因斯坦给《物理评论》编辑部写了一封信："尊敬的编辑先生，我没有授权你们把我的文章给别人看，非常抱歉，请你们把文章退给我。"

编辑部一看，爱因斯坦生气了，可是也没有办法，只好把稿件退给他，并给他写了一封信："尊敬的爱因斯坦教授，很遗憾您不知道我们有审稿制度，不同意我们把稿件给别人看。"

不久后，爱因斯坦的朋友因费尔德来了，爱因斯坦让他看看自己的稿件和评审意见，因为他自己都懒得看。因费尔德这个人水平很一般，看不出个所以然。他忽然想起来这个地方有一个相对论专家，叫罗伯逊。这个人研究宇宙学，所以成了相对论专家。他拿去跟罗伯逊讨论，罗伯逊看了一下以后，说稿件里面有问题。因费尔德一看，真的有问题，就回去跟爱因斯坦说，爱因斯坦听了罗伯逊的意见之后，也觉得确实有问题，就改了。这一改结论就变成有引力波了。

爱因斯坦很生《物理评论》编辑部的气，以后他再也没有主动给《物理评论》投过稿。他把这个稿件给了另外一家杂志社，很快就登出来了。在文章的最后，爱因斯坦感谢了罗伯逊教授和因费尔德先生提出的宝贵意见。

60 多年之后，按规定，审稿意见可以公开了，《物理评论》编辑部公开了有关记录——审稿人就是罗伯逊本人，而爱因斯坦至死都不知道。

终于找到引力波

人类一直在尝试探测引力波，但是直到一九七几年，美国马萨诸塞大学的泰勒和赫尔斯两个人对脉冲双星 PSR1913+16 进行观测和研究时，才有了初步结果。PSR 是脉冲星的意思，脉冲星就是不断地发出电磁脉冲的中子星；1913+16 是它在天空中的坐标。这两颗致密星围绕着质心旋转，其中至少一颗是脉冲星。他们观测发现这两颗星的运转周期每年减少约万分之一秒；而他们的计算表明，这对双星旋转的时候如果产生了引力波的话，辐射引力波的能量损耗，正好造成这约万分之一秒的周期减少。这可以说是间接观测到了引力波——他们的研究可靠吗？

当他们公布这个结果的时候，我正好开始在北京师范大学读研究生。我的老师刘辽先生带着我和我的师弟桂元星计算这对双星的引力波辐射，因为泰勒和赫尔斯公布结果时没有公布他们是怎么算的。

这个计算非常麻烦。关键是广义相对论中引力场的能量密度没有一个公认的表达式，这一点和电磁场完全不同。任何一个引力场的能量密度表达式都有缺陷。爱因斯坦先给出了一个引力场能量密度的表达式，然后马上就有人说这个式子不对，于是又有人给出另外一个。后来朗道也给出了一个，其他人又说朗道的那个式子也不对，于是又有人给出新的表达式。我们考虑了各种能量表达式以后，觉得朗道那个式子缺陷最少，决定就用朗道的表达式算。算完以后的结果与泰勒他们的结果基本相同，证实他们是对的，周期确实每年减少约万分之一秒。北京大学的胡宁先生和丁浩刚、章德海他们三位也计算了，他们用的方法跟我们不一样，但是结果差不多，证明我们和他们的计算都是对的，都证实了泰勒他们的工作确实是观测到引力波的一个间接证明。

图 7-1 是一个示意图，一对双星互相绕着转，旁边远处的是地球，引力波就好像水波似的往外传。

关键的重大发现是在 2016 年 2 月，美国激光干涉引力波观测台（LIGO）科学合作组织宣布：他们于 2015 年 9 月 14 日直接探测到了引力波信号，这个信号被标记为 GW150914，其中 GW 表示引力波。这是人类第一次直接探测到引力波。虽然早在 2015 年 9 月 14 日就探测到了，但是为了慎重起见，他们迟迟没有公布，一直到 2016 年 2 月觉得确认无误后才公布。恰好，2015 年是广义相对论发表 100 周年，2016 年是爱因斯坦预言引力波100 周年。如果这个探测结果确实没有问题，这就是一个非常重大的发现。

图 7-1　双星辐射引力波

　　大家知道，我们现在对宇宙空间的了解都是来自电磁波（不管是可见光、X 射线、微波还是 γ 射线全部都是电磁波）或者是来自物体与电磁场相互作用所得到的信号。而这次是引力波，和电磁场完全没有关系。于是有人就形容说，我们原来是在"看"宇宙，现在我们"听"到了宇宙的声音，引力波的声音：一个是视觉，一个是听觉。引力波其实与我们通常所说的声波完全无关，说"引力波的声音"只是想强调引力波和电磁波是完全不一样的信息来源。

　　引力波跟光波不一样，光子的自旋是 1，而引力子的自旋是 2，所以引力波的偏振效应表现为一个会交替地以不同方式变扁的圆周。图 7-2 所示是引力波的偏振，引力波的横截面刚开始是一个圆的话，它会在不同方向上交替地变扁。例如：先是圆的，然后左右方向变扁，再恢复原状；接着上下方向变扁，又恢复原状。科学家们就利用这个效应来探测引力波。

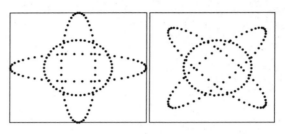

图 7-2　引力波的偏振

　　图 7-3 是一个迈克耳孙干涉仪探测引力波示意图。干涉仪的两个臂由于引力波的影响，长度会伸缩。伸缩的话，通过这两个臂的激光经过的时间就会不一样，或者说经过的路程就会不一样。这样就会产生干涉效应，也就是有干涉条纹，从而使我们在光学观测中发现有干涉条纹移动。当然这个效应非常微小，微小到什么程度呢，我们下面来看一下。

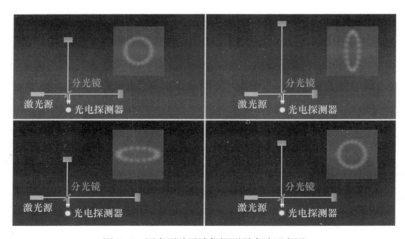

图 7-3　迈克耳孙干涉仪探测引力波示意图

　　图7-4是LIGO的照片。它有两个垂直的臂，臂的长度大概是4千米。当引力波来了以后，两个臂的长度会交替发生变化。变化幅度只有一个质子的1‰长度。科研人员采用了很多高科技手段。比如说让激光在臂里来回地走几百次，以延长光程。所以他们居然连这么小的变化都测出来了，并认为这种变化确实是来自宇宙空间的引力波造成的。

图7-4　LIGO

　　LIGO包括两个探测器，一个在美国东南部的路易斯安那州，一个在美国西北部的华盛顿州。为什么要在两个地方安装相同的装置呢？这是因为要避免地震的影响。如果有地震发生，或者哪怕有一辆卡车从探测装置旁边开过引起的地面震动，都有可能干扰探测过程。所以要在两个地方放置相同的探测装置，只有两个装置都响应的时候才可能是真正的引力波信号。因为如果是地震的话只会对一个地方有影响，对远离震中的地方，就没有太大的影响了。

LIGO 科学合作组织后来认为这些信号来自 13.4 亿年前两个黑洞并合而发射出来的引力波。其中一个黑洞的质量是 36 倍太阳质量，另一个是 29 倍太阳质量，并合成一个大概是 62 倍太阳质量的新黑洞。多余出来的那一部分能量，就以引力波的形式辐射，现在传到我们这里来了。有些人可能会问，有谁看见了吗？回答是没有人看见。这是科学家在测到这个引力波效应之后分析出来的。

来自黑洞碰撞的时空涟漪

科学家怎么知道这个引力波信号是两个黑洞相碰产生的呢？其实是这样的，科学家并不是观测到有两个黑洞发生了碰撞，而是在理论上进行了研究和猜测：如果有引力波来了，它会是怎么产生的？可能是两个黑洞相撞，可能是中子星和黑洞相撞，也可能是中子星和中子星相撞。黑洞和中子星的大小也有各种可能，例如有 36 倍太阳质量的，35 倍的，3 倍的，2 倍的……所有各种可能的组合人们都算过，计算数据涉及上万个例子。科研人员测到信号以后就去和计算结果对，看和哪个对得上，结果和 36 倍太阳质量与 29 倍太阳质量这个组合对上了。所以可信度有多大，你们可以自己想象。在我看来，可信度是比较大的，比如说有 80%，甚至 90% 的可信度，但你要说 100%，我不敢苟同，这还要看今后还能不能收到类似的信号。

　　图 7–5 是两个黑洞并合的示意图及观测信号。两个黑洞相互围绕着转、逐渐靠近（旋进，inspiral），然后并合（merger），发生铃宕（ringdown）。铃宕指两个黑洞碰上以后"哆嗦"一阵，逐渐稳定成一个大黑洞。科学家认为这个过程应该满足黑洞的面积定理，否则就要和已有的广义相对论里的黑洞理论产生矛盾，所以他们就设想所有的黑洞并合模型都满足面积定理。黑洞的面积定理说的是，两个黑洞并合以后生成的黑洞的表面积，应该比原来的两个黑洞的表面积之和要大。这是霍金证明过的一个定理。

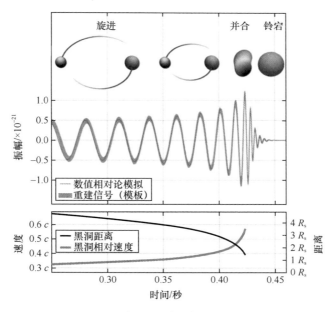

图 7–5　两个黑洞并合示意图及观测信号

我们现在看到，这次黑洞并合产生的引力波被我们接收到以后，马上又有一些其他类似的引力波信号被接收到。前面说过，第一次是2015年美国的LIGO测到的GW150914；同年12月26日又测到第二次；2017年的1月4日又测到一次；在2017年8月14日，意大利的室女座干涉仪Virgo和美国的LIGO都测到了一个引力波信号，但是Virgo接收到的信号不精确，粗糙一点，没有LIGO的数据好。特别值得注意的是2017年8月17日探测到的信号，因为前边的那几次都是只接收到引力波的信号，没有看到什么电磁波信号，说是两个黑洞相撞，可并没有人看见任何的光学效应。而2017年8月17日这天科学家同时观测到了光学效应。测到引力波之后，又过1.7秒测了γ射线暴，10小时52分钟以后，在测到γ射线暴的位置科学家看见了可见光。这个现象是千新星现象，这种爆发现象的发光强度超过了典型新星的1000倍，但是比超新星的亮度低约两个数量级。

这种现象是我们中国的天体物理学家李立新和他的老师帕金斯基首先预言的一个天体撞击过程，所以也叫李-帕金斯基型新星。李立新本科毕业于北京大学，是北京师范大学刘辽先生的硕士研究生，并在北京师范大学学习了广义相对论，后来在美国获得博士学位，目前在北京大学的科维理天文与天体物理研究所担任教授。

2017年8月17日的这次观测，在接收到引力波GW170817 1.7秒以后观测到了γ射线暴，10小时52分钟后观测到了可见光，11小时56分钟以后收到了红外线，15小时以后收到了紫外线，9天以后观测到了X射线，16天以后接收到了射电波（无线电波）。

出现这种情况，可能是因为整个过程当中，各种波段的电磁波产生的时间有差异。再有，这些电磁波从宇宙空间传过来的时候，可能路途上碰到一些物质，例如尘埃、气体，这些物质对不同波长的电磁波可能折射率不同，会对电磁波的传播速度有些影响。当然这些都还是推测。现在认为 GW170817 是在中子星的并合过程中产生的引力波，并合的结果有可能是黑洞，也有可能仍然是中子星，尚不清楚。

现在我们中国有一个太极计划和一个天琴计划要探测引力波，还有人要探测宇宙早期的引力波，等等。我们以后再介绍这些工作。

宇宙是怎样产生的

我再讲一讲广义相对论对现代宇宙学的影响。爱因斯坦最早提出了一个有限无边的、满足广义相对论的静态宇宙模型，后来发现它跟实际观测结果不符。因为我们看到遥远的星系都有红移，好像所有远方的星系都在远离我们的银河系。这表明宇宙不是静态的。

大家知道，我们的银河系中有约 2000 亿颗跟太阳一样的恒星。像我们银河系这样的星系，在宇宙中也有很多。人们早就发现，大部分其他的星系都在远离我们。宇宙实际上是在膨胀的，至少现阶段是在膨胀的，至于将来是会永远膨胀下去，还是膨胀到一定程度会转变为收缩，现在都还不能确定。我们能确定的是，现在的宇宙正在膨胀。人们一般认为宇宙最初是比较小的，然后逐渐膨胀开来。

关于宇宙的大爆炸，我只想说两点。第一，人们对大爆炸有一些错误的认识。有的人认为大爆炸之前有一个时空，中间有个奇点，突然一下它爆炸了，产生的物质扩散到整个宇宙空间中去；或者说大爆炸是无中生有，在一无所有的虚无空间当中的某处发生了一次爆炸，物质在爆炸中产生，并逐渐地扩散开来。这些看法都是不对的。

图 7-6 第一行这几张图，描述的就是先有这么一个空间，这个空间当中原来什么都没有，后来在空间某处突然一下发生爆炸，产生了物质，空间各点的物质密度当然不同，于是物质扩散开来，逐渐充满了整个空间。这些图是错的。

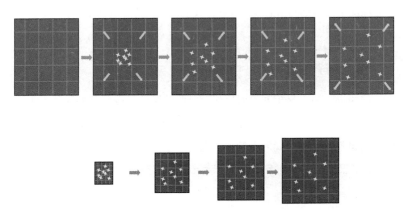

图 7-6　宇宙创生过程

现代宇宙学认为，在爆炸之前，不仅没有物质，连时空都没有。在爆炸那一瞬间，空间、时间和物质一起产生，所以宇宙中的物质并没有一个扩散过程。最初，宇宙空间中各点的密度是相同的，但是随着时间的变化，密度在减小，为什么？因为空间的体积增大了，而物质总量保持不变，所以密度不断减小，不过任何一个时刻物质的分布都是空间均匀的，都没有密度差。图 7-6 第二行这几张图，正确地描述了这一宇宙创生过程。

第二，宇宙在爆炸之前没有时间。其实这个观点最早不是由科学家提出来的，而是由神学家提出来的。在中世纪的时候，有一些不相信上帝创造宇宙的人，故意难为那些神学家，问他们一些不好回答的问题。比如，上帝在创造宇宙之前，他在干吗？这个事情神学家们都不敢胡说，因为《圣经》上没说过上帝那时候在干吗。有的神学家很生气，对提问者发火说："上帝给敢于问这种问题的人准备好了地狱。"但是那些敢于问这种问题的人根本就不相信有上帝，所以也不害怕。后来有一个神学家，叫圣·奥古斯丁，这个人很了不得，他站出来说，时间是跟世界一起由上帝创造出来的，上帝处在时间之外，在上帝创造世界之前根本就没有时间。现在的科学家也认为，时间和空间都是和物质一起，从大爆炸中产生出来的。在大爆炸之前，根本就没有时间，也不存在什么"以前"。因此我们看到，也有一些神学的观点被科学家们接受了。

宇宙学红移不是多普勒效应

还有一个重要的现象，就是远方星系发过来的光几乎都有红移，只有极少数产生蓝移。这是不是多普勒效应呢？最初观察到这个现象的人都认为是多普勒效应。在空间当中那些星系在跑。如果星系朝向我们飞来就应该是蓝移，远离我们就是红移，哈勃本人也同意这个观点。但这个观点现在看来是有问题的。仔细观测后科学家得出结论，那些产生蓝移的极少数星系，都和我们的银河系处于同一个星系群。这个群中的星系在围绕质心做相对运动，有的相互靠近，有的相互远离；向我们靠近的产生蓝移，远离的产生红移。这确实是多普勒效应。但是，处于我们星系群之外的星系都是红移，没有发现有蓝移的，并且离我们越远的星系，红移越厉害。看来，我们不能简单地认为这是多普勒效应。在图 7-7 中，左列图描述的是多普勒效应。在这列图中，右边是地球，左边是光源，地球人观测到了这个光源在远离他，所以他感受到了多普勒红移。

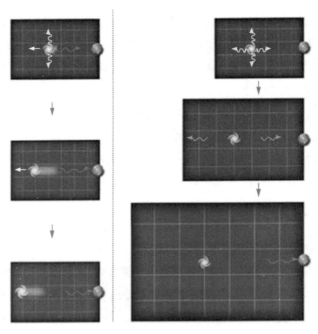

图 7-7　宇宙学红移不是多普勒效应

按照这个观点，如果地球在光源的左边的话，就会看到蓝移，可我们在地球上看到的远方星系怎么都是红移，看不到蓝移呢？所以用多普勒效应来解释远方星系的红移（称为宇宙学红移）是大有问题的。实际情况是什么呢？是图 7-7 右列图的情况。你所看的那个星系在原来的位置没有动，地球也在原来的位置没有动。什么变化了呢？空间自身拉伸了。图 7-7 中空间被分成好多格，而空间的拉伸并不是指光源和地球之间间隔的格子更多了，而是每一个格子的大小增加了。所以，位于光源四面八方的人都会感受到它发的光有红移，也就是说我们在地球上看周围的所有星系，都会发现有红移。这种红移不是多普勒效应，多普勒效应是光源相对于观测者运动产生的效应；而远方星系出现红移，并不是这些星系相对于地球运动产生的，这些星系没有移动，地球也没有移动，只是它们之间的空间距离在不断膨胀。这样产生的宇宙学红移不是多普勒效应，而是空间膨胀效应。

暗物质和暗能量之谜

关于暗物质和暗能量，我只想说两点。

第一点，我想跟大家说的是暗物质和暗能量是怎么提出的。现在学术界认为宇宙空间存在很多的暗物质，还有很多暗能量。暗物质问题是怎么提出的呢？ 暗物质的提出主要是为了解释银河系的转动。银河系的转动大致是一种圆周运动。因为是圆周运动，根据牛顿力学，银盘上恒星运动的线速度或者角速度是跟它受到的向心力有确定的关系的。也就是说根据银盘上的这些恒星移动的线速度或者角速度，就可以知道它们受到了多大的向心力。这个向心力来源于什么呢？ 只能是来自银河系中心的物质的万有引力。但是后来人们发现银河系中心的这些物质产生的万有引力，不足以维持银盘上恒星的圆周运动。好像产生万有引力的物质，不是只有我们看到的发可见光的恒星，应该还有其他的东西，而且它们的分布不是聚集成一个点，也不呈球状，而是呈扁椭球状。

但实际上我们又没有看到这种物质，所以有人就认为有这么一种

"暗物质"，它是我们看不见的。它对光是透明的，不是黑乎乎的。要是黑乎乎的，我们就看见了，因为它挡光了。暗物质这种东西，它不参与电磁相互作用，不发光也不挡光，对光透明，但是可产生万有引力。

暗能量是怎么回事呢？提出暗能量是因为近几十年来科学家发现，宇宙不像以前想象的那样爆炸以后不断地减速膨胀，而是在大约 60 亿年前从减速膨胀转变成加速膨胀了。因此就要引入一个排斥效应来解释这一现象。科学家假设还有一种"暗"的东西，由于暗物质这个名称已经被用了，科学家就管这种东西叫暗能量。暗能量也是透明的，我们看不见，但它产生的压强是负的，所以它有排斥效应。

暗物质和暗能量占宇宙中物质的绝大多数。大家看图 7-8，通常我们熟悉的物质，占不到宇宙中总物质的 5%。在宇宙中，占物质总量约 30% 的是产生万有引力效应的暗物质，还有 65% 左右的物质是产生排斥效应（负压强）的暗能量。

图 7-8　宇宙物质的构成

我想跟大家强调的是，暗物质和暗能量这两种东西实际上都不参与电磁相互作用，所以它们都是透明的，并不是黑乎乎的一块。

第二点，我想跟大家说的就是暗物质是成团结构的。从宇宙诞生的那一天起，产生的可见物质和暗物质的量一直保持这么多。所以随着宇宙的膨胀，暗物质的密度和可见物质的密度都是越来越小的。暗能量则不同，暗能量是均匀分布的，在宇宙膨胀过程当中密度保持不变。随着宇宙的膨胀，密度不变就使得宇宙中的暗能量越来越多，那么排斥效应就越来越强。

宇宙中暗能量的排斥效应逐渐压倒暗物质和可见物质的吸引效应，使宇宙从减速膨胀转变为加速膨胀。

第八课
预言看不见的星

拉普拉斯与米歇尔预言暗星

历史上首次对黑洞这种天体进行比较科学的描述，是在 18 世纪末 19 世纪初拿破仑那个时代。英国剑桥大学的学监米歇尔和法国著名的天体物理学家拉普拉斯，分别独立预言存在一种暗星，这种暗星由于万有引力非常强，所以能够把自己射出去的光都拉回来，因此外面的人就看不见它了。

拉普拉斯在他的科普著作《宇宙体系论》和巨著《天体力学》当中，都对暗星有过描述。他说，天空中存在着黑暗的天体，像恒星那样大，或许像恒星那样多，一个具有与地球同样的密度，而直径为太阳 250 倍的明亮星体，它发射的光将被它自身的引力拉住，而不能被我们接收，正是由于这个原因，宇宙中最明亮的天体很可能是看不见的。

当时牛顿的光的微粒说占上风。拉普拉斯认为，恒星发光，就跟一个大炮打出炮弹似的。如果炮弹的速度能够克服引力的话，炮弹就能够飞出去；克服不了的话，地球就把炮弹"抓"回来了。同样，恒星发光的时候，发出去的光子如果能够克服这颗恒星的引力，它就飞出来了，这是我们看到的大多数情况。但是，他说还可能存在另一种情况：这颗恒星的引力强大到能够把光子拉回去，那我们就看不见这颗恒星了。这是拉普拉斯当时的一个预言。

在拉普拉斯那个时代，还没有能量这个概念，但是有牛顿力学。他是从万有引力定律和牛顿第二定律得到这个结论的。我们现在可以也在牛顿的万有引力定律和力学三定律（即牛顿运动定律）的基础之上，从能量的角度来说明这个结论，这样大家会觉得更为简单。

我们知道一个物体运动的时候，它的动能是$\frac{1}{2}mv^2$。这里假定光子跟我们普通的物体一样，是一个一个的实物粒子，它的质量是 m，速度我们就写成 c。不过在拉普拉斯那个时代，人们还不知道光速是一个极限速度并且是一个常数。另外，假设这个光子从恒星的表面射出，当恒星的质量用 M 表示、恒星的半径用 r 表示、万有引力常数用 G 表示的时候，它在恒星表面处的势能就是 $-\frac{GMm}{r}$。如果光子的动能能够克服势能的话，它就飞出去了；如果动能小于势能的话它就飞不出去，即式 (8-1)。

$$\frac{GMm}{r} \geqslant \frac{1}{2}mc^2 \tag{8-1}$$

把式 (8-1) 两端的 m 一消，就可以得到式 (8-2)。如果恒星的半径 r 和它的质量 M 满足式 (8-2)

$$r \leqslant \frac{2GM}{c^2} \tag{8-2}$$

这颗恒星就是一颗我们看不见的暗星。

但是在我们今天看来，拉普拉斯的推论过程里有两个错误。第一，我们知道光子的能量（动能）是 mc^2，而不是 $\frac{1}{2}mc^2$。第二，拉普拉斯是用万有引力定律来解释的，而我们今天知道，用万有引力定律来解释像黑洞这样的天体是不行的，而必须用时空弯曲理论，也就是广义相对论才能正确解释。因为一些特别致密的天体，用万有引力定律去解释误差就太大了。像太阳这样的天体用万有引力定律来解释会很精确。万有引力定律解释太阳系当中的天体的运动很精确，你甚至很难找到几个实验能够区分万有引力定律和广义相对论的差异。像白矮星，它的密度比太阳大多了，但是它仍然可以用万有引力定律来解释，没有什么太大的问题。但如果用万有引力定律解释中子星，问题就比较大；而解释黑洞，那是完全错误的。

但是这两个错误产生的影响在这里恰好是可以抵消的，所以拉普拉斯得到的结论还是对的。

另外我要跟大家讲一讲拉普拉斯这个人，一方面他拍拿破仑的马屁，另一方面他也很自负。拿破仑这个人很重视科学，这点他很了不起。他听说拉普拉斯写了一部很好的著作《天体力学》，就拿过来看。看了以后，他问了拉普拉斯一个问题："你这部书怎么没有提到上帝的作用？"拉普拉斯说："我不需要这个假设。"意思就是他不需要假定有一个上帝存在，只用他这个理论就可以了。

拉普拉斯在他的《天体力学》的第一版和第二版中都谈到了暗星，但在第三版中他把暗星那部分内容给删了。这是因为就在第二版和第三版两个版本出版之间的这段时间，托马斯·杨完成了光的双缝干涉实验，说明光是波，不是微粒。所以拉普拉斯觉得自己用牛顿的光的微粒说得到的结论靠不住了，于是他就把有关暗星的这部分内容删掉了。

奥本海默再次预言暗星

1939 年暗星再次被提起，这是美国物理学家、"原子弹之父"奥本海默的一个预言。1939 年的时候美国还没有卷入第二次世界大战，欧洲战场才刚刚开战，奥本海默还没有参加原子弹研究，还在研究天体物理和理论物理。那时候已经有对中子星的预言了，奥本海默在研究中子星的时候从广义相对论出发指出中子星存在一个质量上限，超过这个质量上限以后，中子星就会坍缩成一颗暗星，这颗星发的光就跑不出来了。奥本海默得出的成为这样一种天体的条件跟拉普拉斯当年得出的条件一样，即式 (8–3)。不过奥本海默现在得到这个公式用的是爱因斯坦的描述时空弯曲的广义相对论和正确的光子动能公式 $E_k = mc^2$，但是得到的结果和拉普拉斯当年的结果是一样的。

$$r_g = \frac{2GM}{c^2} \qquad\qquad (8–3)$$

奥本海默提出这个暗星理论以后没能继续研究。因为第二次世界大战爆发之后，他很快就去搞原子弹了，成为第一颗原子弹的总设计师。另外他的暗星理论不被大多数物理学家支持。

因为我们知道，太阳的半径大约是 70 万千米，密度大概是 1.4 克 / 厘米^3。如果太阳形成了黑洞，用式 (8–3)，把太阳质量代进去，可以算出这个天体的半径是 3 千米，密度是 100 亿吨 / 厘米^3。这个密度简直是不可想象的数字。那个时候人们可以猜测到的密度最大的天体也不过就是白矮星，白矮星是一种密度约为 1 吨 / 厘米^3，甚至还不到 1 吨 / 厘米^3 的天体。所以爱丁顿他们不相信奥本海默的结果，爱因斯坦也不相信。

实际上，认为黑洞的密度一定很大是一种误解。一个天体的密度是用它的质量除以体积得出的，如果我们将这个天体看作一个球体，它的体积是跟它半径的三次方成正比的，而黑洞的半径有一个特点，它是跟黑洞的质量成正比的。所以你把黑洞的质量除以它的体积，求它的密度的时候就会发现 $\frac{\text{质量}}{\text{体积}} \propto \frac{M}{r_g^3}$，其中分子上是一个 M，分母上是 r_g^3（$r_g \propto M$）。所以得到的结果是，黑洞的密度是跟它质量的二次方成反比的，质量越大的黑洞密度越小。与太阳质量相同的黑洞密度是 100 亿吨 / 厘米^3，数字大得无法想象。但是，如果是 1 亿倍太阳质量的黑洞，也就是现在我们说的星系级的黑洞，比如银河系中心的黑洞，这种黑洞的密度基本上跟水差不多。所以认为黑洞密度一定很大，只是科学家刚开始研究黑洞时的一种误解。其实我们一会儿就会看到，谈论黑洞的密度根本毫无意义，为什么呢？因为黑洞里边都是虚空。

"哦，仙女，吻我一下吧！"

我们现在来看一下，一颗恒星是否有可能演化成黑洞，它是按照什么样的途径来演化的。图 8-1 叫赫罗图，是由赫茨普龙和罗素两位天文学家总结出来的。赫罗图说明了恒星的光度和温度之间的关系。

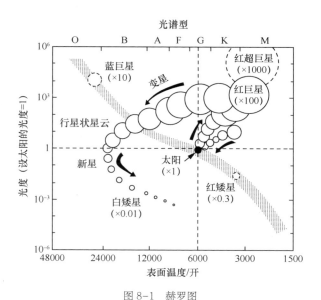

图 8-1　赫罗图

这张图的纵坐标是恒星的光度，光度就是恒星的真实发光功率、真实亮度。它不是我们肉眼看到的恒星的亮度，那是视亮度，通常用视星等来表示。一颗恒星亮不亮，主要由两个因素决定：一个是恒星本身的光度，再一个是它与我们的距离。如果它的光度很大，但它距我们很远，我们看着也是暗的，视星等数值也很大（按定义，越暗的星，视星等数值越大）。

通常用绝对星等来反映光度。根据天文观测的结果，把所有恒星都折算到一个标准距离上，这时我们眼睛能看到的这些恒星的视星等就称为它们的绝对星等，它反映恒星的真实发光功率，也就是光度。所以光度（绝对星等）跟恒星的距离没有关系，它反映了恒星的真实发光能力。

赫罗图的纵坐标是光度，横坐标是温度。怎么知道恒星的温度呢？那就要看光谱了。温度比较低的恒星，发红光，甚至发红外线；温度比较高的就发波长比较短的光，如蓝光、紫外线，甚至 X 射线。恒星如果主要发射短波长的光的话，温度就比较高；而发射长波长的光的恒星，温度就比较低。太阳的温度大概是 6000 开，主要发黄光；发红光的大概有 4000 开左右；如果发蓝光，基本上是达到 8000 开、10000 开这样的情况了。

在图 8-1 中，恒星按照它们的光度和温度，在坐标系中被一个一个点出来。你会发现大量的恒星都集中在从左上角到右下角的一条带子上，这条带子就叫主星序。主星序上的恒星叫主序星。另外在主星序的右上方有红巨星，在它左下方有白色的白矮星。

图 8-1 上方有几个字母，O、B、A、F、G、K、M，这是恒星的光谱型。一提到 O 型的，大家就知道处在最左边的区域，别的型处在其他区域。光谱型是按照恒星的某些光谱线的一些特点分类的。后来人们发

现恒星的这种分类方法跟按温度排序是两回事。二者之间是有关系，但是恒星排列顺序不完全一样。这样排列恒星之后，刚学习天文的人，就觉得光谱型的顺序很难记住。于是就有人编了一个故事：有一个小伙子，学天文以后第一次到天文台，从望远镜中看到了五颜六色的恒星，觉得太美了，不禁高喊了一声："Oh, be a fine girl，kiss me!"这句话的意思是"真像一个仙女，吻我一下吧"。其中的每一个单词的第一个字母，就是按顺序排列的光谱型。

第九课
恒星的演化——50 亿年后的
太阳会变成什么样

恒星的一生

　　我们现在来看恒星的演化，图 9-1 是恒星演化过程示意图。宇宙诞生时处于高温态，这时的物质基本上是氢元素，氢元素在高温下发生热核反应，逐渐聚合成了氦，比例是：20% 多的氦，70% 多的氢。随着宇宙的膨胀，这些气体降温、散开，热核反应停止。散开的这些气体的密度分布不是完全均匀的，这样它们就会聚集、收缩成一个一个的团，这些团越缩越小。在它们收缩的过程当中，万有引力的势能转化成热能，气团的温度就会升高。比较小的气团温度升高一点点，没有大的变化。但是大的气团在收缩以后，温度可能升到很高，比如升高到 1000 万到 1 亿开的高温，这时就会重新触发氢聚合成氦的热核反应，恒星就形成了，并且开始发光。它产生的热量又继续给自己做补充，使自己维持在这种极高温度的状态，因此热核反应就能持续不断地进行下去。

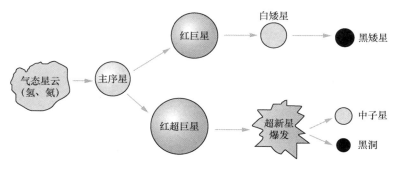

图 9-1　恒星演化过程

　　处在这个阶段的恒星就叫作主序星，它在赫罗图中分布在主星序这条对角的"带子"上面。太阳就是一颗主序星，它的热核反应主要就是氢燃烧生成氦的反应。当主序星中心部分的氢都烧完了以后，它就开始膨胀，膨胀的过程中，热核反应会逐渐转到外层，这时温度降低了一些，外层的氢聚合生成的氦往中心下落，于是就形成一颗红巨星。红巨星生成的氦落到中心部分，中心的温度会再次升高，然后氦聚合成碳和氧，最后就会形成高密度的白矮星——密度是 1 吨 / 厘米 ^{3} 左右，白矮星逐渐冷却下来，最后形成黑矮星，黑矮星是由碳和氧两种元素（主要是碳）组成的金刚石，或者比金刚石还硬的天体。

如果这颗恒星比太阳大得多，像质量为十几倍太阳质量、几十倍太阳质量这样的恒星，将形成红超巨星，在收缩过程的最后阶段会有一次大爆炸，也就是超新星爆发，随后形成中子星或黑洞，或者全部炸飞，不留残骸。中子星的密度为 10 亿吨 / 厘米 ^{3} 左右；如果是太阳质量的黑洞，密度就会是 100 亿吨 / 厘米 ^{3} 了。现在我们能够确定的是，白矮星和中子星都已经被发现了。白矮星是先看到，然后给予物理解释；中子星是先预言，然后找到了。黑洞现在我们也声称看到了，但是恐怕还需要一段时间来确定我们看到的究竟是不是黑洞，我觉得有 60% ～ 70% 的把握，但它也可能不是黑洞，或者虽然是一个黑洞，但是跟我们理想中的黑洞有比较大的差距。

从目前的研究情况来看，太阳最终的结局肯定是白矮星。如果质量达到太阳质量的 1.44 倍，最后的结局就不会是白矮星了，就可能形成中子星或黑洞这样的天体。$1.44 M_\odot$（$M_\odot$ 为太阳质量）是白矮星的质量上限，称为钱德拉塞卡极限。但是如果恒星的质量达到了 2 到 3 倍太阳质量，最后的结局连中子星都不是，就只能形成黑洞了，所以这是中子星的质量上限，也就是奥本海默极限。超过奥本海默极限的恒星，一般认为它最后的结局就是黑洞。但是奥本海默极限不是很精确，因为完全由中子构成的中子态物质的物态（即物理状态）方程目前还不确定，所以计算的结果也不确定。

各种恒星的比较

下面我们来看这些恒星如果形成中子星或白矮星，密度和体积大概是多少。比如太阳的半径是约 70 万千米，平均密度是约 1.4 克 / 厘米 ^{3}。如果太阳形成了白矮星，半径是 10000 千米左右，密度是 1 吨 / 厘米 ^{3} 左右；如果太阳形成了中子星，半径是 10 千米左右，密度是 1 亿吨 / 厘米 ^{3} 到 10 亿吨 / 厘米 ^{3}，中心部分大概有 10 亿吨 / 厘米 ^{3}，靠外的部分密度小一点，有 1 亿吨 / 厘米 ^{3} 左右；如果要形成黑洞，它的半径就是约 3 千米，密度是约 100 亿吨 / 厘米 ^{3}。

图 9–2 是一张比较各种天体大小的示意图，左上角的图就是太阳形成白矮星时的情况，左边那个白点就是形成的白矮星。太阳最后的结局就是白矮星。太阳在形成白矮星之前，还要先膨胀成红巨星。它形成的红巨星有多大？请看图 9–2 右上角的图，左边的白点是太阳，右边就是它形成的红巨星。太阳形成红巨星时，它要扩张到火星轨道范围，把地球都要包进去。

我们再来看太阳质量大小的中子星会有多大。如果想在图 9–2 上面的两张图里把这颗中子星表示出来，根本不可能，因为它太小了。如果我们把太阳形成的白矮星放大画出来，就是左下角这张图，而中子星就是右边那个白点。如果是太阳质量的黑洞呢？我们拿中子星和黑洞比较一下，请看图 9–2 右下角这张图，可以看出黑洞跟中子星的差异其实不太大。前面我们提到，白矮星和中子星都已经被发现了，所以发现黑洞应该是早晚的事儿。最近的报道称发现了黑洞，但不是这种恒星级的黑洞，而是星系级的黑洞，也就是说许多人认为，每一个像银河系这样的星系的中心都可能有巨大的黑洞。

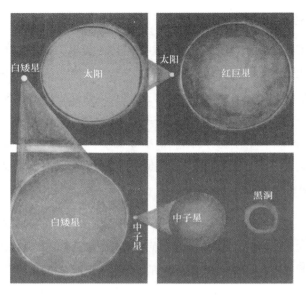

图 9-2　各种天体大小比较的示意图

　　天文学界对黑洞的重视是最近这二三十年的事儿。我记得 1978 年左右我开始研究黑洞的时候参加了一些天文学会的会议，发觉就只有我们这些研究物理的人在那里谈论黑洞，研究天文的人都不置可否，觉得这玩意儿挺有意思，但是都怀疑到底有没有。现在的情况是天文学家在那里说，这个是黑洞，那个也是黑洞，反而搞物理的人在那里怀疑："你们说的这些东西到底是不是真实的黑洞？你们说的黑洞真的是像我们原来计算的那样吗？"很可能真实的黑洞和以前理论上研究过的黑洞不一样，所以出现了很有意思的变化。现在我们看到有人说已经拍到了黑洞的照片。是不是黑洞？当然有很多人相信，但是也有不少人有怀疑。这个问题还要经过一段时间的研究来慢慢澄清。

"西北望，射天狼"

我现在来讲人类发现的第一颗白矮星，也就是天狼星的伴星。天狼星是我们中国人取的名字。而西方天文学把星空按照希腊神话中的形象划分成一个一个的星座，比如仙后座、仙王座、仙女座、英仙座、金牛座等，并且把一个星座里最亮的那颗星叫 α，其次叫 β，这样按顺序排下来。天狼星就是大犬座中最亮的星，所以也叫大犬座 α——一边叫狗，一边叫狼，好像也差不多。

天狼星是我们肉眼所能看见的夜空中最亮的恒星。在图 9–3 中，右边暗色的星空中那颗最亮的就是天狼星，也就是大犬座 α 星。天狼星在中国古代代表侵略，一些反对侵略战事的古诗词当中曾提到天狼星。比如屈原的诗里头就有"举长矢兮射天狼；操余弧兮反沦降"，什么意思呢？天狼星代表侵略，"射天狼"就是反击侵略。

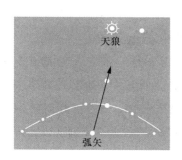

图 9–3　弧矢射天狼

天狼星在快过春节那些天黄昏的时候最容易识别，天刚黑下来时，你会看到南方的星空靠东一点有一颗最亮的恒星，那就是天狼。天狼的左下方是弧矢星，弧矢射天狼就是反击侵略的意思，这是中国人的想象，像苏东坡就有词句"会挽雕弓如满月，西北望，射天狼"。有人说天狼星并不在西北方，苏东坡怎么说是"西北望，射天狼"呢？一是因为天狼星出现在弧矢星的西北方；二是因为北宋的敌人之一是西北方的西夏，北宋跟西夏的战争不断，所以"西北望，射天狼"喻指反击侵略。

天狼星为什么那么亮？其实最重要的原因是它离我们近，只有约 9 光年。当然它不是离太阳系最近的恒星，最近的是比邻星，离我们约 4.2 光年。因为天狼星离我们近，我们后来发现天狼星在天空的位置好像不是太固定。大家知道，我们从地球上用肉眼能够看到的这些恒星，全部都是银河系里边的恒星。它们都围着银河系的中心在转，但是因为它们离我们远，所以一个人这一辈子是不会感觉到天上的恒星有什么移动的，这也是它们被叫作恒星的原因。但是假如我们研发了一种技术，可以把人冰冻起来，让他 10 万年以后再苏醒，他到时候肯定不认识这片星空了，因为各恒星在天空的相对位置的变化太大了。

但是离我们近的这些恒星，如果仔细看还是能发现它们的位置变化的。首先就是天狼星，人们发现它在天空当中绕着小圈，为什么要绕圈？它着魔了？不是的。天文学家根据万有引力定律分析，确定天狼星附近还存在一颗星，这颗星比较暗，我们看不见，它们围着共同的质心在转动。有人打了个比方：在一个舞会上有一对男女在跳舞，小伙子穿着黑色的礼服，姑娘穿着白色的连衣裙，当灯光逐渐暗下来以后，就看不见那个小伙子了，大家只能看见那个白衣服的姑娘在那儿转。她为什么转呢？因为有个舞伴拉着她。现在也是有一个东西在拉着，准确地说是吸引着天狼星。

后来科学家发现天狼星确实有一颗伴星（图 9–4），不过不是大犬座 β 星。这颗星叫作天狼星 B，它离天狼星非常近，用望远镜才能看清楚。它是一颗白矮星。这颗白矮星的密度是约 2.5 吨 / 厘米³，表面温度是 25000 开左右，前些年还在说温度是约 10000 开，密度是约 1 吨 / 厘米³，这一改就增加了一倍多。

图 9–4 天狼星与天狼星 B

有人问天文学上怎么一改就改这么多？因为恒星离我们很远，我们能把数量级说对就已经很不错了。

50 亿年后太阳会变成什么样

我们现在来看太阳的演化过程。我们知道，主序星内部主要是氢燃烧生成氦的反应。这种反应需要的温度大概是 1500 万开，像太阳的中心部分就是大约 1500 万开。中心部分的氢烧成氦以后，外层的氢就开始烧，这时候太阳开始膨胀，形成红巨星。氢烧成氦以后，生成的氦都往中间聚集，中心部分的温度就进一步升上来，达到 1 亿开左右的时候，氦就发生进一步的热核反应，聚合生成碳，还有少量的氧。刚刚形成碳和氧的时候还不能说它是白矮星，白矮星是一种处于特殊的物态的恒星，这种物态跟我们通常见到的物质的状态不一样。

让我们先来看红巨星阶段。太阳先要形成红巨星，然后再缩小成白矮星。我们已经说了太阳现在的半径是约 70 万千米，它形成红巨星的过程中，会进一步大膨胀，先把水星、金星都吞进去，再把地球上的江河湖海都烤干，然后把地球吞进去，最后扩展到火星的轨道。这时候，这几颗行星，就在太阳这颗红巨星的肚子里边，围着太阳的核心转。它们不会掉下去吗？不会。一颗红巨星的温度虽然是 4000 开，比较高，但它的密度极低，所以地球还能在红巨星内部不断地旋转，当然地球上的生命肯定都没有了。

看来我们人类也全完了。那么还有多长时间，太阳就会形成红巨星了？研究发现，太阳在主序星阶段的寿命是 100 亿年，现在过了 50 亿年，还有 50 亿年基本上也会是我们现在看到的这种状态，所以大家都可以放心地活着。

但是有人说 50 亿年之后，我们的子孙后代怎么办呢？你想，从哥白尼那个时代到现在才 500 多年，我们人类已经可以登月了，那几十亿年之后的人类的后代，肯定可以移居到其他星球了，甚至可以把我们的地球都带过去。像有的科幻作品里说的那样，在地球上安一个"喷嘴"，"呼"的一喷地球就飞走了。在飞走之前先把人类都冰冻起来，空气也冰冻在地球表面上，然后一起飞出去，到一颗预先选定好的年轻的恒星那儿，进入围绕那颗年轻恒星旋转的轨道，再化冻，让冰冻的人们都苏醒过来。这样是不是人类就可以延续下来了？当然这些都是科幻作品中的内容。

　　我们现在再来看红巨星。当红巨星的中心部分聚集了大量碳和氧之后，红巨星还会继续膨胀，外层的物质随之被抛出去，成为一片环状的云，形成行星状星云，就像图 9-5 这样的天体。行星状星云中间这个小白点就是白矮星。这就是太阳演化的结局：经过红巨星阶段，然后演化成白矮星，形成白矮星的时候，外层气体先形成行星状星云，然后散开，最后就只剩下了一颗白矮星。

图 9-5　行星状星云

第十课
白矮星和中子星的故事

白矮星为什么不再坍缩

白矮星上的物质跟一般固体行星上的物质不一样。像地球这样的星体，是通过万有引力把各个部分拉在一起形成的。那么行星为什么不缩成一个点呢？这是因为有电磁力在与万有引力抗衡着。构成行星的固体物质都是一颗一颗的小晶粒，原子都在晶格的节点上，万有引力使原子相互靠近，靠近的时候它们的电子云分布会产生变化。在电子云分布变化后，同种电荷靠近，就会产生静电斥力。静电斥力会抵抗万有引力，支撑住这颗行星，使它不往下塌，所以固体行星是由于静电的斥力与万有引力平衡而达到稳定的。

恒星是气态星，气态星为什么可以保持像太阳那样的状态不往下塌呢？万有引力为什么不能使它继续收缩下去呢？那是因为恒星温度很高，构成它的气体会进行热运动，而热运动会产生一种排斥效应把恒星支撑着，抵抗住了万有引力。

白矮星阶段形成了一种固体状态，但这种固体状态跟我们地球的固体状态不一样，因为白矮星的质量比地球大多了。白矮星的万有引力是非常大的，原子之间的静电斥力无法与之抗衡，然后就会出现原子之间相互挤压，从而把原子壳层挤碎，形成晶格的框架在电子海洋中漂浮的那种状态；或者说在晶格的框架之中，电子集体在运动，不是只围绕一个原子核转动，而是集体的运动。这些电子这个时候会相互靠得比较近，从而产生不同于静电斥力的另外一种力，那就是泡利不相容原理引出的斥力。

泡利不相容原理是什么呢？泡利当时提出这个原理是为了解释原子结构。因为根据玻尔的理论，每种元素的原子都有一个原子核，原子核外的电子按轨道分布。如果按照玻尔的模型，原子核外有一层一层的电子轨道的话，为什么电子不都落到那个能量最低的、最里层的轨道，而是每层轨道上都会分布呢？这个问题是泡利通过提出一个假设解决的。

泡利说像电子这样的粒子，每一个状态只能存在一个电子，每一层轨道上有两个电子状态，所以每一层轨道上只能有两个电子，里层的轨道填满以后，就要填外层的，这样就很好地解释了玻尔的原子壳层模型，而且能够解释光谱线和元素周期律。白矮星这种情况，因为外层的原子壳层已经被压碎了，电子靠得非常近，就会产生一种新的力，也就是由泡利不相容原理引出的斥力。这种斥力要比静电斥力大得多，能够抗衡质量巨大的固态星的万有引力，使它不往下塌。这种电子轨道状态的原子构成一个新的固体状态，可以称为白矮星状态。

三个沮丧的年轻人

为什么每层电子轨道会有两个电子状态呢？当时美国青年物理学家克罗尼格曾经猜测电子有自旋。这两个状态就是电子的两个自旋态，例如一个向左旋，一个向右旋。他跟泡利讲了自己的想法，泡利说这个想法很聪明，可惜上帝不喜欢它。这个美国青年一听就泄气了，便不再研究这个问题。其实泡利自己也想过同一轨道上电子的两个状态会不会是自旋，但他自己把自己否定了，他认为像自旋这种经典物理中的概念在量子理论当中都应该舍弃。所以他先放弃了自己的想法，又否定了克罗尼格的想法，使自己和克罗尼格都与电子自旋这一发现失之交臂。

这个时候荷兰物理学家埃伦菲斯特（又译为厄任费斯脱）的两个学生，乌伦贝克和古德斯密特，也产生了电子有自旋的猜测，他们并不知道克罗尼格和泡利有过这一想法。他们俩向老师提出这一猜测，埃伦菲斯特觉得这个想法很好，建议他们给英国的《自然》杂志投稿。他们寄完稿件以后，老师又让他们把这篇文章拿给同在荷兰的洛伦兹，看看他有什么意见。于是他们去找洛伦兹，洛伦兹让他们把文章放下，过两个星期再来。两个星期后他们去了，洛伦兹拿出一叠纸来，说："我进行了计算，你们这个模型可能不对，如果电子有自旋，电子边缘的线速度就会超过光速，这是违背相对论的呀！"

大家知道洛伦兹起先是反对相对论的，这时他又接受了相对论，认为电子自旋模型违背相对论。这两人一听违背相对论，觉得这可是个大问题，回去跟埃伦菲斯特一商量，决定写信给杂志社要求退稿，杂志社回信说："对不起，年轻人，稿子已经付印了，不能退稿了。你们以后要注意，一定要把怀疑都消除了以后再投稿。"他们特别沮丧，老师安慰他们说："你们两个人还很年轻，犯点错误不要紧，以后你们还会做出新的成绩来，这个错误就这样算了吧。"

过了不久，正好玻尔到他们那里访问，埃伦菲斯特带着这两个学生去迎接玻尔。埃伦菲斯特和玻尔在前面走，他们俩拎着玻尔的行李在后边跟着。玻尔就跟埃伦菲斯特说："你这俩学生看着好像不高兴，他们碰到什么事情了？"埃伦菲斯特就跟他说了这次投稿的事。玻尔听完说："电子有自旋这个想法挺好，至于违背相对论的问题，我们先不要管它，以后再说。"于是这两个年轻人又高兴了。

现在我们知道，其实当时他们把电子估计得太大了。如果电子没有那么大，边缘的线速度就不会超过光速。电子到底有多大？到现在我们还没有测出电子的半径来，电子还是一个点模型。至于自旋这个概念，有可能跟我们通常宏观情况下理解的天体自转不一样，泡利的想法倒是有可取之处。

一个印度青年闹的"大笑话"

现在我们知道白矮星是大量存在的，白矮星最后的结局就是演化成黑矮星，黑矮星就是一个在宇宙空间飘动的巨大的金刚石。

这里介绍一下印度物理学家钱德拉塞卡对白矮星研究的重要贡献。钱德拉塞卡这个人数学和物理水平很高。他在印度的大学毕业以后，想学天体物理，就到英国去求学。他坐船到英国去，投奔天体物理学家福勒。他在船上研究白矮星，发现白矮星会有一个质量上限，超过这个质量上限的白矮星肯定不能存在。因为他觉得白矮星质量越大，它的万有引力就越大，这就需要更大的泡利斥力与之抗衡，怎么才能使泡利斥力更大一些呢？就只能让电子靠得更近。但是当电子靠得更近时，电子的运动速度会接近光速，成为一种相对论性的电子气。这个时候泡利斥力会突然减小，由于斥力大大弱化，这颗星就会坍缩下去。钱德拉塞卡算出，这个质量上限是 1.44 倍太阳质量。

钱德拉塞卡到达英国以后就跟他的老师讲了自己的研究和计算，老师觉得他讲的可能有点道理，就让他去拜访一下爱丁顿。爱丁顿是当时最著名的天体物理学家之一，当年检验广义相对论预言的光线在太阳附近的偏折，就是爱丁顿率领观测队去完成的。钱德拉塞卡去找爱丁顿谈自己的研究结论，遭到了爱丁顿的反对，他跟爱丁顿谈了几次都不被接受。后来爱丁顿让他在伦敦的一次天体物理讨论会上讲讲他的研究。

　　会议的前一天晚上，钱德拉塞卡跟爱丁顿一起吃晚饭。他问爱丁顿："爱丁顿教授，您明天也有报告吗？"爱丁顿说："有。""什么题目呢？"他接着问。爱丁顿说："跟你的一样。"钱德拉塞卡当时就有点紧张了，他担心爱丁顿想夺取自己的研究成果。"跟我一样，我讲他也讲，这样子他也有一份功劳。"钱德拉塞卡心里边直打鼓。但是他很有绅士风度，并没有说什么。

　　第二天钱德拉塞卡上台讲了自己的研究工作，他先给大家发了预印本，也就是论文发表之前预先印好的小册子，然后就开始讲。

　　钱德拉塞卡讲完以后，爱丁顿拿着一本预印本就上讲台了，说："刚才钱德拉塞卡讲了他的白矮星的质量上限，我认为他讲的内容是完全错误的。"然后他当场就将预印本撕了。爱丁顿认为，如果白矮星要继续往下坍缩，那么所有的物质就会坍缩成一个密度为无穷大的点，不可能有这样的物理状况，所以钱德拉塞卡的研究结果肯定是错的。

　　由于爱丁顿的崇高威望，与会的人都认为钱德拉塞卡闹了个大笑话。散会后，钱德拉塞卡的朋友们走到他面前跟他说："钱德拉塞卡，糟透了，这次简直糟透了。"

　　爱丁顿为什么这么有底气呢？因为爱丁顿曾经把钱德拉塞卡的这个想法写信告诉了爱因斯坦，爱因斯坦觉得爱丁顿的观点是对的，而钱德拉塞卡的结论肯定是错的，所以爱丁顿底气很足。

　　钱德拉塞卡 20 多岁的时候提出白矮星的质量上限，73 岁的时候才因为这一发现获得诺贝尔物理学奖。他差一点就没有得到，因为诺贝尔奖只颁给在世的人。

"我不相信上帝会是个左撇子"

当然，爱丁顿本人后来也承认了钱德拉塞卡的结论是正确的。在爱丁顿认可之前，钱德拉塞卡也已经确认了自己的结论是正确的，因为他知道有一些人是赞同他的。有一次他跟泡利在一块儿开会，就跑到泡利身边说："泡利教授，这篇论文请您看一下。"泡利说："我看过。"他问："您觉得我这篇文章怎么样？"泡利说："很好。"钱德拉塞卡接着说："爱丁顿教授说我这个结果违反了您的不相容原理。"泡利说："不，你没有违反泡利不相容原理，你可能违背了爱丁顿不相容原理。"于是泡利把爱丁顿讽刺了一顿。

泡利说话是很尖刻的，他经常挑别人的毛病。杨振宁先生也被他挑过毛病，他反对过李政道和杨振宁两人提出来的宇称不守恒观点。李、杨两个人提出宇称不守恒的时候泡利在德国，他说："我不相信左和右会不对称，我不相信上帝会是个左撇子。"他还对他的同事们说："你们谁相信他们的理论，我可以把我的全部财产都拿出来与你们打赌。"

后来听说吴健雄要做实验，检验李、杨二人的理论，泡利说："吴的实验肯定将把李、杨的想法推翻。"后来泡利在他的日记里写道："那天的下午我一连接到了三封信，都是告诉我说，吴健雄的实验支持了李、杨的宇称不守恒定律，我几乎休克过去。"又写道："现在李、杨两个人很高兴，我也很高兴，因为没有人跟我打赌，要是有人打赌，我就破产了。"

他还反对过杨振宁的杨－米尔斯场理论。杨振宁当时在普林斯顿高等研究院工作，院长是奥本海默。奥本海默就是一个很爱挑别人毛病的人，但是他觉得杨振宁的理论还是很不错的。

这时候泡利正好到这里访问，杨振宁在会上讲他的杨 – 米尔斯场理论，说他现在提出了这样一个场。刚说了一句，他转过身来要在黑板上写的时候，泡利在底下就问："你这个场质量是多少？"杨振宁转过头来说："质量还不太清楚。"然后转过头去又要接着写。泡利说："质量到底是多少？"杨振宁只好又转过头来说："现在还没有确切的结论。"泡利说："质量都不清楚，你这个场还有什么用？"弄得杨振宁停下演讲，现场很尴尬。这时候奥本海默捅了一下泡利说："你让他讲。"这样杨振宁才讲完。

第二天杨振宁起床后，发现在自己住的旅馆门口的信箱里有一封信。他打开一看是泡利的信。泡利在信中说："像你这种治学态度，我根本就没法跟你进行讨论。"

最有意思的事发生在发现反质子的塞格雷身上。塞格雷当时很年轻，他有一次开会做报告，结束以后大家一起走出会场。塞格雷跟泡利一起走，泡利就对塞格雷讲："你今天这个报告是我这几年听见的最差的一个。"这时候后边有个人就咯咯笑起来了，泡利回头看了一眼那个年轻人，说："你上次那个报告除外。"这么爱挑毛病的一个人，居然支持了钱德拉塞卡的理论。

大家知道银河系有约 2000 亿颗恒星，其中约 1/10 是白矮星，所以白矮星是大量存在的，钱德拉塞卡的工作有重大意义。

约里奥 – 居里夫妇的遗憾

现在我们来讲中子星和脉冲星。说到对中子星的预言，我们首先要提一下中子的发现。1930 年德国物理学家博特发现有一种看不见的、穿透力很强的射线，这种射线不带电，博特认为这种射线是 γ 射线。他的论文登出来以后，约里奥 – 居里夫妇看到了。约里奥就是居里夫人的大女婿。约里奥把他的姓上面挂了一个居里，因为老居里夫妇只有女儿没有儿子，法国人的孩子都是跟随父亲的姓氏，如果约里奥不挂居里这个伟大的姓，这个姓就失传了。约里奥 – 居里夫妇用博特的这种射线打击石蜡，从中打出了质子，但他们依然认为这种射线是 γ 射线，因为他们头脑当中没有中子这个概念。约里奥是学化学出身的，化学功底很好，但物理基础不是特别的强。而他的夫人伊雷娜·居里也主要学的是放射化学，伊雷娜并没有上过大学。当时法国那些科学家对普通的学校教育不满意，他们就把他们的孩子带在身边一起做实验，由这些科学家自己分工来教，不让他们上大学了。伊雷娜就是在这种环境下学习的，学的主要是放射化学，物理学的不是很多。如果物理很强的话，他们就会发现这种射线肯定不是 γ 射线。

约里奥 – 居里夫妇的实验结果公布出来以后，被在英国的卢瑟福的学生查德威克看见了。卢瑟福有一个想法，他认为原子核里除去质子之外，可能还存在着一种质量跟质子差不多，但是不带电的粒子，也就是我们现在所知道的中子。他为什么这么猜测呢？因为他发现很多元素的原子量和原子序数都是整数，比如像氦，原子序数是 2，但是原子量是 4，这里面显然是有两个质子。他猜测可能还有两个质量与质子差不多，但是不带电的粒子，也就是我们现在所知道的中子，但是他一直没有找到。查德威克也正在找，当看到了约里奥 – 居里夫妇的论文，查德威克非常高兴，也觉得很可笑，说他们发现了中子却还不知道。于是他就设计了一个新的实验，跟约里奥 – 居里夫妇那个实验比较接近，但是不完全一样。做了实验后，他发表了一篇论文，名为《中子可能存在》，登在《自然》上，然后又发表了一篇长文《中子是存在的》，登在英国的《皇家学会会志》上，这样中子就被发现了。约里奥 – 居里夫妇错过了这个发现，很沮丧。这正应了法国微生物学家、狂犬病疫苗的发明者巴斯德的一句话："机遇只偏爱有准备的头脑。"显然，约里奥 – 居里夫妇的头脑对中子的发现没有准备。

1935 年，瑞典皇家科学院诺贝尔物理学奖评委会认为中子的发现应该获物理学奖！很多人认为应该由查德威克和约里奥 – 居里夫妇共同获奖。但是评委会的组长是卢瑟福，他是查德威克的老师，卢瑟福说："约里奥 – 居里夫妇那么聪明，他们以后还会有机会的，这次的奖就给查德威克一个人吧。"于是这次奖就只颁给了查德威克。同年的下半年，评委会评化学奖（物理奖和化学奖是同一个评委会评的），这次，大家一致同意把诺贝尔化学奖授予约里奥 – 居里夫妇，理由是他们发现了人工放射性。原来我们得到的放射性元素都是天然的，而他们发现了人工制造的放射性元素。当然，评委会肯定考虑了他们对中子发现的贡献。后来博特也因为宇宙线的研究工作获得诺贝尔物理学奖。评委会可能也考虑了博特对中子发现的贡献。所以因为中子发现而颁发的诺贝尔奖，还是给得很公平的。

神秘的"小绿人"

中子星与白矮星不同，它是先预言后发现的。几乎在中子被发现的当天，就有人预言了中子星的存在，这个人就是苏联物理学家朗道。朗道当时正好在玻尔的理论物理研究所进修。在中子发现的消息传到哥本哈根的当天，玻尔就把全所大约 20 个人都聚集到一起，让大家畅谈一下感想。当时朗道做了个即兴发言，他认为宇宙间可能存在着主要由中子构成的星，也就是中子星。他是第一个谈到这个内容的，而且同年他就发表了一篇论文。朗道这个人是非常了不起的，他写过 10 卷的《理论物理学教程》，这套书影响很大，许多很优秀的物理学家都学过他的这套书。我们知道，科研论文一般是很少引用教材的，但是朗道的这套《理论物理学教程》例外，大家都在引用。

后来有很多人研究中子星，比如前面提到的奥本海默。当白矮星的质量超过了钱德拉塞卡极限以后会发生坍缩。坍缩后，电子被压进原子核里面，然后和质子中和成了中子，这样就会形成一颗主要由中子构成的星。中子是不稳定的，如果单独有一个中子，它就会衰变成质子、电子和中微子等。而在原子核里中子能够稳定存在，是因为原子核里有一些质子。中子衰变成质子等于从一个高能级跳到低能级，质子的存在相当于把低能级给填上了。根据泡利不相容原理，每个状态只能有一个质子，那么高能级的中子就不可能再往下跳，于是原子核就稳定了。正因为如此，中子星里含有少量质子，中子数和质子数之比大概是 100：1。

中子星在 1932 年被预言，但直到 1967 年才被观测发现。当时英国的天体物理学家休伊什在剑桥大学卡文迪什实验室研究射电天文，他想研究来自宇宙空间的射电信号，就设计了一组天线阵用于接收这些射电信号，他让自己的研究生贝尔进行接收研究，图 10-1 就是这组天线阵，白发的老人就是休伊什，左边这位就是贝尔。在一个周末，休伊什回家了，贝尔在那里继续研究，她发现在噪声的背景下似乎有一点微弱的信号，但很不清楚，她就对这个信号进行了处理，最后真的得到了一组很规则的信号，于是她就打电话给休伊什，请他过来。

图 10-1 贝尔、休伊什和发现脉冲星的天线阵

休伊什看了以后觉得这可能是个重要发现，怀疑是外星人在跟人类联络，于是给这个发现起了个代号叫"小绿人"，后来他发现这种信号的频率和振幅都没有变化，不负载任何人造信息，显然是一种自然现象。他让贝尔不要跟外人讲这个发现。然后休伊什写了一篇论文说收到了来自宇宙空间的信号。于是别的天体物理学家就打电话问他信号来自哪个方位，他不说。贝尔又接连发现了几个类似的信号，休伊什连续发表论文报道新的发现，但他就是不肯说这些信号的方位。别人天天给他打电话，希望他公布出来大家一起研究，他就是不说，导致后来好多天体物理学家很生气。

这样休伊什才不得不公布了四颗发固定脉冲信号的星在天空的方位。这种星被称为脉冲星，后来得到证实，脉冲星就是快速自转的中子星，它的磁场非常强，是一种特别的恒星。当一颗大质量的恒星坍缩成中子星的时候，比如像太阳这样的恒星，半径约 70 万千米，一下缩到半径约 10 千米，所有物质都聚集到一起。由于它的体积大大减小，它的转动惯量就有了大的变化，所以从角动量守恒的角度来看，这颗星的体积缩下来以后，它的自转角速度会大大加快。

而且中子星表面的磁场会很强，很多电子就会围着它的磁力线转动，这时候中子星就会射出射电信号，这个信号就像光柱一样射到宇宙空间。但是一般恒星的自转轴和磁轴都不是重合的，磁轴围绕着自转轴在转，而中子星的光柱是沿着磁轴方向的，所以这个光柱就像探照灯一样在宇宙空间扫，每扫过地球一次我们就会收到一个脉冲，如图 10-2 所示。

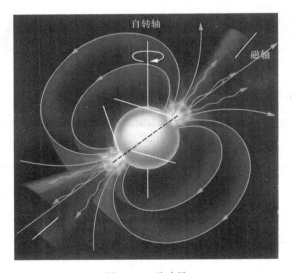

图 10-2　脉冲星

中子星的构造如图 10-3 所示。它的内层主要由中子态物质构成，有人说中心还可能有完全由夸克组成的夸克汤，最外层有个白矮星状态的铁壳。中子星的密度是 1 亿吨 / 厘米 ^{3} 到 10 亿吨 / 厘米 ^{3}，中心部分大概有 10 亿吨 / 厘米 ^{3}，中间密度小一点，再外层的密度可能会更小一点。中子星的引力很大，所以表面很平、很光滑，大气层的厚度也就几厘米，它最高的山峰也不会超过 10 厘米。当然人不能站在上面，因为那里的温度约 1000 万开，而且引力太大，人完全受不了。从 1967 年到现在已经过了 50 多年，这期间已经发现了很多中子星。

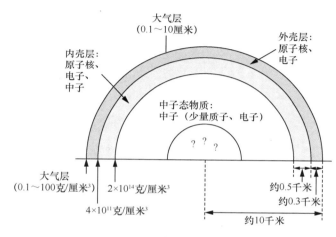

图 10-3　中子星的构造

中国古人记载的超新星爆发

现在我们来讲中子星的形成。中子星形成时要经过一次恒星的爆炸，叫超新星爆发。

对于超新星的研究我们中国人是有贡献的，比如在北宋至和元年（1054 年）的时候，人们观测到一次超新星爆发，有 23 天白天都可以看见，夜晚可见的时间持续了一年多。对于这颗超新星，中国、日本、越南和朝鲜的文献都提到了，但是只有中国记录了这颗星的位置，就是现在西方天文界所说的金牛座所在的那个地方。

图 10-4 是《宋史》关于这次超新星爆发的记录。在中间部分可以看到"至和元年五月己丑，出天关东南可数寸，岁余稍没"，"岁余稍没"就是一年多之后就没有了。至和元年（1054 年）是宋仁宗的时代，宋仁宗就是民间故事《狸猫换太子》中的那个太子。

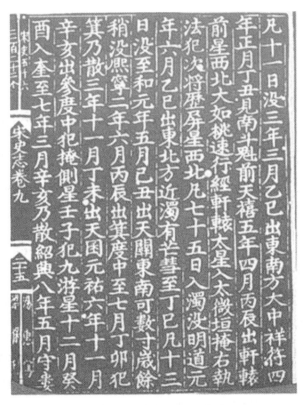

图 10-4　《宋史》中的超新星爆发记录

《狸猫换太子》这个故事跟史实相差还是比较大的。当时的宋真宗的皇后叫刘娥。刘娥出身于平民，原来是一个银匠的妻子，《宋史》里说是银匠的妹妹，其实是不好意思说她已经结过婚。但是她被当时还是皇子的宋真宗看上了，宋真宗就把她接回了家。刘娥后来当了皇后，但是没有生儿子，就把一个李姓宫女生的孩子强行抱养过来了。但是她并没有迫害这个宫女，只是皇宫里谁都不敢把这事告诉小太子本人。

宋仁宗一直到 20 多岁都不知道他的生母是那个姓李的宫女，还以为是刘皇后。宋真宗死后刘皇后垂帘听政，传说她迫害宋仁宗的生母，包公破了这个案子，等等。其实这事跟包公没有任何关系，刘皇后也没有特别迫害这个宫女，只是没有给她应有的地位。但是，刘皇后并没有把事情做绝。这个李姓宫女，也就是宋仁宗的生母，家里是比较贫寒的。刘皇后帮助这个宫女把失散多年的弟弟找到，而且给他安排了一个不太高的职位。这件事情最后是平稳解决的，刘皇后没有那么坏，因为她出身平民，知道很多民间的事情，所以她执政时的很多政策和代拟的很多圣旨，比她丈夫宋真宗和儿子宋仁宗都要更好一点儿。

那次超新星爆发很剧烈，在晚上的时候它的光能照出人的影子，可见这颗星是很亮的。

图 10-5 所示是天上的星空，其中的"条带"就是银河。在银河旁的金牛座那个地方，有一个气体组成的螃蟹状的星云，如图 10-6 所示。这个星云以 1100 千米 / 秒的速度在扩散，它的中心有一颗小的暗星。反过来推算，这个蟹状星云大概就是在公元 1054 年前后，从小星那里爆发出来的，所以蟹状星云就是超新星爆发的遗迹。更重要的是后来人们发现中间那颗小星就是一颗脉冲星，也就是一颗中子星。所以天文学家就知道了，中子星是通过超新星爆发而形成的。如果没有我们中国人的记录，这个事情还不能确定，只能是个假说，现在这个记录是一个很重要的证据。

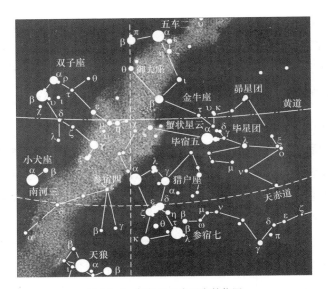

图 10-5　蟹状星云在星空的位置

图 10-6　蟹状星云

恐龙灭绝的另一种猜想

一般来说，在银河系当中，大约每 100 年会爆发 4 颗超新星。超新星在 1 秒里发出来的光，相当于太阳在一亿年里发出来的光。所以如果太阳经历超新星爆发，咱们肯定完蛋。不用说太阳了，如果天狼星经历超新星爆发，咱们大概都够呛。关于地球上恐龙的灭绝，现在比较流行的一种说法就是小行星或者彗星的彗头撞击地球以后，触发了火山爆发，大量的尘埃和水汽飞上天空，把太阳光挡住，形成了长时间的冬天，这样大量的生物就灭绝了。其中，像大的恐龙之类的生物因为其他生物的灭绝，没有足够的食物，就都饿死了。

但是也有另一种说法认为当时出现过超新星爆发，爬行类动物支撑不住，就都死了。哺乳动物当时不是爬行类动物恐龙的敌手，所以这些哺乳动物都很可怜，白天都不敢出来，躲在洞里，晚上恐龙睡觉了它们才敢出来。它们躲在洞里反而没怎么被射线照射到，因此存活了下来。

图 10-7 是超新星爆发的照片，照片上是远方的一个星系。左边是超新星爆发之前拍的，右边是超新星爆发的时候拍的。右边这张图左上角的一个很亮的东西就是爆发的超新星，它发的光的强度可以和整个星系发的光的强度相比，所以超新星爆发是非常猛烈的。

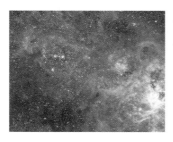

图 10-7　超新星爆发（澳大利亚天文台和大卫·马林供图）

　　超新星爆发跟我们是有密切关系的，可以说如果没有超新星爆发，就没有我们人类。为什么呢？我们脚底下踩着的地球，就是超新星爆发的残渣堆积起来的。演化得快的恒星发生超新星爆发以后，喷出来的残渣被年轻的恒星吸引过来，围绕它转。像太阳当时就吸引了很多东西围着它转，最后这些固体残渣就形成了一颗颗固体的行星。

　　大家知道，如果从一般的热核反应角度来看恒星演化，比如说氢聚合成氦，氦燃烧生成碳和氧，碳和氧再生出更重的元素，最终的元素一般是铁，不会有比铁更重的元素出现。但是我们地球上的这些物质，除去铁以外，还含有其他更重的元素。而且如果恒星内的元素一步一步演化成铁，时间会非常漫长，从宇宙的寿命来讲，这样形成的铁并不多。大量的铁和更重的元素是从哪里来的？现在认为，很多是超新星爆发的时候形成的。

　　其实发生超新星爆发的恒星都是那种质量超过 8 倍太阳质量的恒星，通常都是几十倍太阳质量。它们先形成红超巨星，红超巨星组成中的大量碳和氧都集中到中间，形成一个白矮星状态的铁核，中心温度大概是30 亿开。铁核后来越积越大，重力也变得很大，这时白矮星状态靠电子之间的斥力支撑不住了，中心就一下子坍缩下去，温度升高到 50 亿开。中心塌下去时，外层的铁壳起先没有塌，等中心都塌下去以后，铁壳突然掉下去，砸在中子构成的核心上面，然后爆炸反弹出去，这就是超新星爆发。爆发的最后结局就是形成中子星或黑洞，或者是全部炸飞。

第十一课
飞向黑洞的飞船，最终去了哪里

原子弹之父被怀疑

现在我们就要讲一下黑洞的形成。我们知道，奥本海默曾经预言过，超过 0.75 倍太阳质量的恒星，在坍缩的时候，不能长时间存在于中子星阶段，而会继续坍缩形成黑洞。但是奥本海默做了这个预言以后就去搞原子弹了。等到第二次世界大战结束他从原子弹试验场出来，因为心情很不愉快，所以没有再回到黑洞的研究工作中。他为什么很不愉快呢？因为原子弹的机密被泄露了，而联邦调查局怀疑是奥本海默把情报给了苏联人。

在开始研制原子弹的时候，负责这项工作的格罗夫斯将军是受罗斯福总统的委派，专门负责研制核武器的。当时他要找一个总设计师，找来找去觉得奥本海默最合适。但是当时联邦调查局认为奥本海默不合适，他们认为奥本海默对美国共产党有好感，所以这个人不能用。

可是格罗夫斯又找不到其他合适的人，就让联邦调查局的人把奥本海默的档案材料拿给他看，说他直接对总统负责。看完以后他觉得也没有什么，就决定继续让奥本海默担任总设计师。第二次世界大战末期，美国在广岛和长崎投放了原子弹，促成了日本的快速投降，这时奥本海默红得发紫，被誉为原子弹之父。

过了一年多，美国突然发现原子弹的机密被泄露了。联邦调查局的人说："你看看，我们早就说奥本海默有问题，肯定是他泄的密。"于是就传讯奥本海默。奥本海默就跟所有没挨过整的人一样，你一问他，他也开始糊涂，自己也不知道自己到底有没有什么问题，就乱猜，甚至自己也不信任自己了。这种情况下，联邦调查局对奥本海默更加怀疑，就问奥本海默的一些合作者和助手有没有觉得奥本海默有什么异常。

对于那些回答没有感觉奥本海默有异常的人，联邦调查局不感兴趣。他们就是希望有人能出来说奥本海默有问题，哪怕是怀疑他有问题也好。于是问来问去就问到了搞氢弹的那个人，那个人怀疑奥本海默有问题。他就是爱德华·特勒，他后来是杨振宁的博士生导师。

特勒这个人有个特点——他搞科研的时候，主意特别多。杨振宁说，他一天能出十个主意，其中九个半都是错的，但那半个对的，就会对整个研究有所帮助。特勒起先在奥本海默手下的一个组里搞研究，那个组的组长后来就对奥本海默说："你赶紧把这个人调走，我们没法干了，他一会儿一个主意。昨天我们刚统一了意见，准备开始干，他马上又说不行。你赶紧把他调走，要不然我们真没法干了。"

最后奥本海默就把特勒找来，说现在有一件工作很重要，要找一个能干的人单独去干，他比较合适。这件工作就是研究氢弹。特勒起先大概不知道是因为人家嫌他捣乱，就答应了。后来他才听说，是因为大家觉得他在组里太碍事，才把他调走研究氢弹，所以很不高兴。

第二次世界大战快结束时，原子弹造出来了。可是这时候奥本海默反对在日本投放原子弹，因为他觉得战争已经打到最后，德国已经投降了，日本投降近在眼前。另外，原子弹分不清军队和平民，使用原子弹是很不人道的。但是，美国很多军方的人士想，有这么个东西干吗不用啊？于是就使用了。

等到第二次世界大战结束以后，氢弹也有眉目了，奥本海默又反对制造氢弹。他认为，我们造出原子弹，过不久苏联肯定也会造出来。然后我们再造氢弹，苏联也会造出来。最后谁也不敢用，而且这类武器太不人道，因此也甭研究氢弹了。有人因而怀疑他把机密情报告诉苏联了。

因此，奥本海默后来就被迫离开了原子弹试验场。

当时特勒跟联邦调查局的人讲："我虽然不知道奥本海默有什么具体泄露秘密的事情，但是凭着我的直觉，我还是觉得把他从原子弹试验场调出去对美国的国家安全是有好处的。"好！联邦调查局要的就是这样的话，他们觉得这虽然不是太理想的一个证据，但是可以看出来特勒已经暗示了，奥本海默可能是有问题的。于是奥本海默就不得不从原子弹试验场出来了。还有一些很同情奥本海默的人，也跟他一起出来了。奥本海默此后心情很不好，所以也无心回到黑洞的研究上来。他后来只担任普林斯顿高等研究院院长的职务。

特勒的朋友惠勒跟奥本海默的关系还可以。特勒准备去作证的时候，惠勒就劝过他："你可想好了，你要是把你对奥本海默的怀疑说出去，可能对他很不利。"但是特勒还是说了。

惠勒后来想研究奥本海默预言的中子星坍缩成暗星的可能性。他觉得也许没有这种可能，他就让原子弹试验场里的人，用美国当时最好的计算机做了一个中子星向内坍缩的模拟，模拟的结果是可以形成暗星。惠勒就打电话告诉奥本海默说："你的形成暗星的想法，有可能是对的。"但是，奥本海默当时已经没有再继续研究暗星的兴趣了。

惠勒给这种暗星起了个名字——黑洞。惠勒是 20 世纪 50 年代时最杰出的相对论专家，他写了一本厚书《引力论》（Gravitation），这本书总结了当时的引力研究情况。除惠勒外，作者还有基普·索恩，就是 2017 年因为研究引力波获得诺贝尔物理学奖的那个天体物理学家，还有查尔斯·米斯纳。

球对称的黑洞

我们知道，太阳如果形成黑洞，半径为约 3 千米；地球如果形成黑洞，半径是约 1 厘米，大约乒乓球那么大；月亮形成黑洞，半径只有约 0.1 毫米。当然我们知道太阳、地球和月亮都不会形成黑洞。太阳最后的结局就是先变成白矮星，然后冷却变成黑矮星，不会发生超新星爆发。

我们现在来讲讲人们对黑洞的早期认识。爱因斯坦发表广义相对论以后，1916 年，德国的数学物理学家施瓦西（又译为史瓦西）就得到了广义相对论的爱因斯坦场方程的第一个严格解，这就是所谓施瓦西解。施瓦西解是对一个不随时间变化的、球对称星体的外部时空弯曲情况的描述。

在下面的公式中，式 (11–1) 表示的是三维平直空间中两点之间的距离 $\mathrm{d}l$，式 (11–2) 表示的是四维平直时空中两点之间的距离 $\mathrm{d}s$。

$$\mathrm{d}l^2 = \mathrm{d}x^2 + \mathrm{d}y^2 + \mathrm{d}z^2 \tag{11–1}$$

$$\mathrm{d}s^2 = -c^2\mathrm{d}t^2 + \mathrm{d}x^2 + \mathrm{d}y^2 + \mathrm{d}z^2 \tag{11–2}$$

式 (11–2) 中，c 为真空中的光速，$\mathrm{d}t$ 为时间项。空间加上时间，就成为四维时空。四维时空是爱因斯坦上大学时候的数学老师闵可夫斯基提出来的。他看了爱因斯坦关于狭义相对论的文章以后，就觉得在这个理论中，时间和空间基本上处于比较平等的地位，可以把它们作为一个整体的四维时空来描述。

爱因斯坦最初发表的相对论，并不是用四维时空表示出来的，仍然是空间是空间，时间是时间，但是闵可夫斯基把它们看成了一个整体——四维时空。

　　因为施瓦西求解的是一个球对称物体外部时空弯曲的情况，所以这个时空应该是一个球对称的时空，用球坐标来描述是最简单的。式 (11–3) 表示的是用球坐标描述的四维平直时空中两点之间的距离，它与式 (11–2) 完全等价，只不过式 (11–2) 用的是大家熟悉的直角坐标，而式 (11–3) 用的是球坐标。式 (11–4) 则是施瓦西求出的球对称弯曲时空中两点之间的距离的表达式，它描述的是球对称的弯曲时空，时空变弯曲了。

$$ds^2 = -c^2dt^2 + dr^2 + r^2d\theta^2 + r^2\sin^2\theta d\varphi^2 \tag{11–3}$$

$$ds^2 = -c^2(1-\frac{2GM}{c^2r})dt^2 + (1-\frac{2GM}{c^2r})^{-1}dr^2 + r^2d\theta^2 + r^2\sin^2\theta d\varphi^2 \tag{11–4}$$

　　式 (11–4) 描述的这个弯曲时空有两个奇异的地方。一个是 $r=\dfrac{2GM}{c^2}$ 这个位置，时空出现了奇异性（即出现了无穷大）；另一个是，在 $r=0$ 的地方也出现了奇异性（无穷大）。

　　图 11–1 所示为球对称星体（施瓦西黑洞）内外的时空关系情况。球体的质量是 M。这个球体体积如果大一点，它的密度就小一点；也可能球体体积小一点，它的密度就大一点。我们设想这个球体的总质量不变，让它往中心缩，缩到 $r=0$ 那个地方，那么在 $r=0$ 处就会出现一个密度为无穷大的奇点，而在 $r=\dfrac{2GM}{c^2}$ 处就会出现一个奇异的球面。

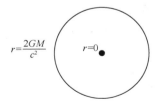

图 11–1　施瓦西黑洞

研究表明，在 $r=0$ 这个奇点处，时空的曲率是无穷大。而且这个奇点不能通过坐标变换加以消除，因此这是一个真奇点。在 $r=\dfrac{2GM}{c^2}$ 这个奇面处，时空的曲率是正常的，并不是无穷大，而且换一个坐标系，例如换成自由下落的坐标系，这个球面就会消失，因此它是一个假奇面。

后来的研究表明，星体坍缩形成黑洞的时候，如果所有物质都是球对称坍缩的，的确会坍缩成一个奇点，外边有一个奇面。但奇面是假奇异，奇点才是真奇异。假和真的区别在哪儿呢？第一，在真奇异的点处，时空曲率是无穷大的；第二，通过坐标变换消除不掉奇点的奇异性。而 $r=\dfrac{2GM}{c^2}$ 处的奇异性跟坐标系的选择是有关的，换一个坐标系这个面就可能消失了；另外，在这个面的位置时空曲率是正常的，所以它是一个假奇异。但是研究表明，假奇异的这个面正是奥本海默所谈到的暗星的表面，也就是后来研究的施瓦西黑洞的表面。这就是说，数学研究的这个奇面，就是黑洞的表面，中心那个点是黑洞的中心奇点。

无限红移面和事件视界

奇面虽然是假奇异，但它是黑洞的表面，所以它有重要的特点。第一，它是无限红移面。我们在第六课提到，在时空弯曲的地方钟会走得慢，会产生引力红移的效应。对于恒星，描述星体表面的钟变慢的公式是式 (11–5)。式中，$d\tau$ 是静置于恒星（例如太阳）表面的钟走的时间，dt 则是无穷远处（例如远离太阳的地球处）的钟走的时间，M 和 r 分别是恒星的质量和半径。

$$dt = \frac{d\tau}{\sqrt{1-2GM/c^2 r}} \qquad (11\text{–}5)$$

在黑洞表面处，$r=\dfrac{2GM}{c^2}$，那里的钟走 1 秒，即 dτ=1 秒，我们这儿的钟就要走无穷长的时间，d$t \to \infty$。也就是说，如果在黑洞表面放一个钟，在我们看来它根本就没走，而我们的钟则在嘀嗒嘀嗒地走，所以黑洞那里的钟是无限变慢了，无限变慢的特点是黑洞所发的光的光谱线在我们看来波长变成了无穷大，出现了无限红移，所以黑洞的表面是无限红移面。

黑洞的表面还有另外一个特点，叫作事件视界。什么意思呢？就是黑洞里边的信号出不来，我们外面的人只能看到黑洞表面外部，最多通过长时间的观测看到无限趋近黑洞表面的情况，而不知道里面的情况，所以事件视界就是黑洞的边界。

时空互换与白洞问题

下面介绍黑洞表面的第三个特点。在平直时空的式 (11–2) 和式 (11–3) 中，我们看到时间项的前面是负号，三个空间项的前面是正号。式 (11–4) 显示的是一个球对称星体外部时空的弯曲情况，这个情况有两个括号项，依然是带负号的时间项和带正号的空间项。

现在我们再来看黑洞里面的情况是什么样的。黑洞的半径是 $r=\dfrac{2GM}{c^2}$。在黑洞的外部，$r>\dfrac{2GM}{c^2}$，式 (11–4) 中括号里是正数。这样，时间项的前面是负号，三个空间项前面都是正号。而在黑洞内部，$r<\dfrac{2GM}{c^2}$，所以括号里就是负数了，这样 dt^2 的前面变成了正号，而 dr^2 这个空间坐标项的前面变成了负号。所以 r 现在具有了时间的特点，成了时间，而 t 成了空间。为什么呢？我们知道在闵可夫斯基时空中，时间项的前面应该是负

号，空间项的前面应该是正号。在黑洞外部，dr^2、$d\theta^2$ 和 $d\varphi^2$ 的前面都是正号，而 dt^2 的前面是负号，所以 t 是时间，那三项是空间。在黑洞内部有一个大变化，$d\theta^2$ 和 $d\varphi^2$ 的前面依然都是正号，但是 dr^2 的前面现在变成了负号，dt^2 的前面变成了正号，也就是说 t 和 r 现在的物理意义互换了，r 变成了时间，t 变成了空间，所以黑洞内部时空坐标发生了互换。这就出现了什么情况呢？大家知道，时间是有方向的，是在流逝的，现在 r 是时间了，它就会有一个方向。r 是指向黑洞里边 $r=0$ 处，还是指向外边呢？

如果这个黑洞是由星体坍缩形成的，一开始形成这种黑洞的时候，物质是向里掉的，所以这时它的时间方向应该是向里的，也就是说进到黑洞里边的物质都会往 $r=0$ 处跑。

我们注意到，r 现在不再是个半径，而是时间，所以 $r=0$ 的地方是时间的终点，也就是时间结束的地方。因为时间总是要流逝的，所以进到黑洞里边的物质必须"与时俱进"，不能停留，这些物质一定会落到 $r=0$ 处，因此黑洞里面是空的。在黑洞 $r=\dfrac{2GM}{c^2}$ 这个边界里，所有 r 的等值面都不再是一个空间的球面了，而成了时间相等的面，也就是等时面，所以进入黑洞的东西都会顺着时间的方向往里掉，因此这些球面全部成了单向膜，只能往里掉不能往外出。所以黑洞里边都是真空，进到里边的物质全都集中到 $r=0$ 那里，那里不再是球心，而是时间的终点，物质全都跑到时间的终点去了。

黑洞里边是真空的，所以谈黑洞的密度毫无意义，只有 $r=0$ 那个地方物质密度是无穷大。那个地方到底是怎么回事儿？有人说必须把时空量子化以后才能搞清楚，但是时空量子化的所有方案到现在都还没成功，所以这个问题我们现在不清楚。我们就知道黑洞里边是一个一个的单向膜（等 r 面）组成的单向膜区，进去的物质不能停留，都要奔向奇点这个时间的终点。

如果物质从里向外跑，那么时间的方向向外，$r=0$ 处就是时间的起点，这时就形成白洞。黑洞是什么东西都可以掉进去，掉进去以后就再也出不来了的洞；而白洞是不断往外抛东西，但任何东西都进不去的洞。那么我们得到的洞到底是黑洞还是白洞？都可能。广义相对论只得到了 $r=\dfrac{2GM}{c^2}$ 的内部是单向膜区的"洞"，没有说时间是向里还是向外的，向里就是黑洞，向外就是白洞。

但是我们现在只知道一种形成"洞"的方式，那就是星体坍缩。星体物质坍到 $r=\dfrac{2GM}{c^2}$ 边界里以后才会形成这个洞。这样形成的洞，因为初始情况是物质向里掉，所以这一初始情况决定了"洞"一定是黑洞。白洞在理论上是存在的，但是怎么才能形成，我们现在还不知道。

上面我谈了黑洞表面的三个特点：黑洞的表面是事件视界、无限红移面和单向膜区的起点。单向膜区的起点又称为表观视界。

飞向黑洞的飞船

在图 11-2 中，左边是一个黑洞，黑洞的边界就是事件视界，简称为视界，对于球对称黑洞，它是 $r=\dfrac{2GM}{c^2}$。$r=0$ 处是奇点。现在我们来看，假设有一艘飞船飞向黑洞，右边有一个人在远方观望。图 11-2 中箭头就表示飞船，这艘飞船逐渐向黑洞飞过去，远处的人能看见什么？

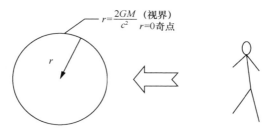

$$r=\frac{2GM}{c^2}（视界）$$
$r=0$ 奇点

图 11-2 飞向黑洞的飞船

如果在从黑洞到观测者这一段路途上摆一系列的钟和光源，因为越靠近黑洞的地方，时空弯曲得越厉害，所以在观测者看来：越靠近黑洞的钟走得越慢，放在黑洞表面上的钟根本就不走；越靠近黑洞的光源发出的光红移越大，在黑洞表面上的光源发出来的光发生无限大的红移，也就是说，观测者根本看不见。

所以当飞船飞过去，观测者会看到飞船越飞越慢，越来越红，越来越暗。他看不见飞船飞进黑洞，只看见飞船最终粘在了黑洞的表面上。但是飞船进去没有呢？进去了。那为什么观测者看到没有进去呢？

这是因为飞船虽然进去了，但是它的背影留在了外面。黑洞表面附近的时空弯曲得非常厉害，组成背影的光子滞留在那里，只能是一点一点向着观测者跑过来，因而越跑越稀疏。所以观测者只能看到飞船越来越暗，越来越红，最后粘在黑洞的表面上，消失在黑暗之中，而看不见它落进去。

进入黑洞后的命运

那么飞船中的航天员感觉如何呢？他用的钟跟黑洞外面的一系列钟是不一样的，二者处于不同的参考系。飞船上的钟在飞船参考系中，航天员觉得他自己的钟走得很正常。飞船进入黑洞以后，会直奔中心奇点，也就是 $r=0$ 的时间终点，因为黑洞内部是单向膜，所以飞船根本不能停留。航天员有什么感觉呢？他会感觉潮汐力越来越大。

潮汐力是什么？就是万有引力的差。大家知道，我们站在地球表面，受到的重力可以说就是地球对我们的万有引力，但是我们头顶受到的万有引力和脚底受到的万有引力一样吗？不一样，因为我们头顶到地心的距离和脚底到地心的距离相差我们的身高 δ。这个身高差造成的引力差有三滴水到四滴水重，我们平常都习惯了，根本就感觉不到，但是这种引力差正是造成涨潮落潮的潮汐力。

地球上的涨潮落潮主要受月球的影响，其次还有太阳的贡献。在图 11-3 中，左边是月球，右边是地球，椭圆形虚线表示海洋的表面。A 点到月球的距离和 B 点到月球的距离大概差一个地球的直径，所以这两点受到的月球引力有差异，这就引起了向着月球的这一面和背对月球的这一面涨潮，而环形的横向的面都是落潮，涨落潮就是这么引起的。大潮和小潮是太阳、月球共同影响的结果。太阳、月球、地球如果在一条线上的话，涨大潮；如果月地连线和日地连线垂直的话，那就是小潮。

月球

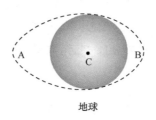

地球

图 11-3 潮汐力

飞船进到黑洞里边以后，由于黑洞里边的物质都聚集在奇点 $r=0$ 处，所以那里产生的万有引力很强。飞船的头部到奇点的距离和尾部到奇点的距离相差飞船的长度，这就形成了潮汐力，这个潮汐力在飞船靠近奇点的时候非常之大，会把人和飞船全部撕碎，并压到了奇点，也就是时间的终点，使飞船消失在时间之外。消失在时间之外是什么意思？现在我们还不清楚。这个说法其实是完全按照经典的时空弯曲理论，也就是广义相对论来描述的。而现在一般人认为，引力场和电磁场一样是应该能够量子化的，引力场量子化以后，飞船最后的结局可能就不是这样了。但是引力场量子化的所有尝试现在都还没有成功。

现在我们继续来看，一艘飞船进入黑洞，经过多长时间才能落到奇点上。假设有一个 1 倍太阳质量、半径 3 千米的黑洞，飞船从离黑洞的中心 12 千米的地方自由往下掉，大概十万分之一秒就能落到奇点处并消失，所以时间是很短的。

我们在计算的时候，如果把飞船只看作一个参考质点或检验质点，不考虑它本身对黑洞附近时空弯曲的影响的话，计算的结果会是这个质点一直贴在黑洞表面而根本进不去。但是如果考虑这个质点本身对时空弯曲的贡献，特别是当它非常靠近黑洞表面的时候，那它就会像贯穿势垒的隧道效应一样，瞬间就掉进去了。

第十二课
黑洞真的很黑吗

带电的黑洞

大家知道，爱因斯坦场方程的解很难求，一开始施瓦西解描述的是不随时间变化的、不带电的球对称黑洞，也就是施瓦西黑洞，它的时空弯曲情况只由质量 M 决定。但是如果星体是带电的，这样形成的黑洞就是一个带电的黑洞（图 12-1），称为带电施瓦西黑洞。物理学家赖斯纳和努德斯特伦把爱因斯坦场方程和麦克斯韦方程组联立，得到了带电施瓦西黑洞的解（R–N 解），所以这种黑洞也被称为 R–N 黑洞。理想的 R–N 黑洞的质量和电荷都会聚在中心奇点，也就是时间终点。这种黑洞会有两个视界，即一个外视界 r_+ 和一个内视界 r_-，外视界和内视界之间是单向膜区。但是内视界以里和外视界以外都不是单向膜区，如果有飞船进入外视界，它一定会落入内视界，穿过内视界以后，它又进入非单向膜区。内视界以里跟外视界以外的时空区，物理性质很相似，飞船可以在那里长期存在下去。不必担心进入内视界的飞船可能撞到奇点上。实际上，它想撞都撞不上。因为带电的奇点有一股很强大的排斥力，让飞船不可能靠近它。

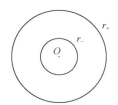

图 12-1 带电球对称黑洞

转动的黑洞

黑洞研究的突破性进展来自对转动的黑洞的研究。克尔首先求解了转动星体外部时空弯曲的情况。这种星体以一个固定的角动量转动，也就是说星体在坍缩成黑洞之前，除去质量以外，它还有一个转动的角动量。这样的一个旋转轴对称的星体，往里坍缩的时候，会形成一个旋转的黑洞，也就是克尔黑洞，如图12-2所示。克尔黑洞很有意思，它也可以形成两个视界，即一个外视界 r_+，一个内视界 r_-；中间的奇点则变成一个奇环。而且它的无限红移面会和视界分开，形成外无限红移面 r_+^s 和内无限红移面 r_-^s。

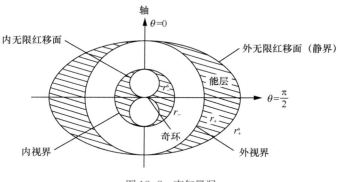

图 12-2　克尔黑洞

　　我们之前讨论的球对称黑洞，不管是带电的还是不带电的，它们的无限红移面都是跟视界重合的，所以那个地方既是黑洞的边界，又是单向膜区的起点，而且在那里放着的钟是不走的，光源在那个地方发出的光会产生无限大的红移。而克尔黑洞的无限红移面与视界分开了，外无限红移面有点像扁的椭球状，视界是在外无限红移面里面；外视界和内视界都接近于球对称，但都不是严格球对称，而是旋转轴对称的。图12-2中，在外无限红移面和外视界之间有一个能层，这里边储存着能量。如果黑洞角动量被逐渐抛掉，克尔黑洞就会成为球对称的施瓦西黑洞。如果它转动的角动量越来越大，最后内视界和外视界就会贴到一起，单向膜区变成了只有一层膜的状态，这时转动黑洞就成为极端黑洞。

我们知道球对称黑洞的视界内全部是单向膜区，带电的黑洞有内外两个视界，只在内外两个视界之间是单向膜区。对于克尔黑洞，外视界和内视界之间是单向膜区，内视界以里不是单向膜区，在中间的奇环附近存在着闭合类时线。

什么叫闭合类时线？我们前面提到，在三维空间当中，一个人可以被看成一个点，但是在四维时空当中则不会是一个点；随着时间的推移，我们可以沿着时间轴画出一条线来，这条线叫作世界线。如果这个人做匀速直线运动，就可以画出一条斜线；如果他做变速运动，就会画出一条曲线来，因为空间和时间的位置都变化了。如果他不运动，就会画出一条跟时间轴平行的线——因为它空间位置不动，只是随着时间往上延伸。

由一个质点画出的世界线的长度，就是该质点所经历的时间。如果这个质点是一个人，而这个人拿了一个钟的话，画出的世界线（一条曲线）的长度就是钟走的时间。如果这条曲线闭合了，这个人就回到了他的过去，这时因果性就会出现问题。所以，出现闭合类时线，时空的因果性就会出现问题。在克尔黑洞的奇环附近，出现了闭合类时线，这是个值得注意的大问题。

"无毛定理"还是"三毛定理"

既转动又带电的黑洞被叫作克尔－纽曼黑洞。这种黑洞跟克尔黑洞很相似，也是内外两个视界，这两个视界之间是单向膜区，在内视界以里不是单向膜区，中央有一个奇环，外边有一个外能层，里边还有一个内能层。克尔－纽曼黑洞由三个参量描述：总质量、总电荷、总角动量。我们知道 R–N 黑洞是由两个参量描述的：总质量和总电荷。施瓦西黑洞只由总质量一个参量描述。

另外人们发现，黑洞一旦形成，对于它的内部，我们几乎什么信息都得不到。我们外部的人看这个黑洞，只能知道它的总质量、总电荷、总角动量，其他的就全都不知道了。物理学中研究黑洞的人把信息看作黑洞的"毛"，当一个星体形成黑洞以后，它就几乎"无毛"了。所以物理学家提出无毛定理，具体指的是，黑洞外部的人只能探测到黑洞的三根毛，也就是黑洞的总质量、总电荷、总角动量，其他的信息都被锁在了黑洞的内部。

外国学者把这个定理叫作无毛定理，其实并不很严格，要是我们中国人最先研究这个问题，可能就会提出个"三毛定理"，因为实际上黑洞还剩三根毛，并非一根毛都没有，而且我们中国有个《三毛流浪记》。有人画过一个漫画来表示黑洞无毛定理，画中有一个秃头和尚，和尚的头上面还有三根头发。

从黑洞无毛定理可知，黑洞是一颗"忘了本"的星，它忘了自己的过去，忘了自己原来是由什么样的星形成的，忘了它是几次坍缩形成的：是一次形成的呢，还是不断有东西掉进去、慢慢长大的呢？它没有任何记忆了。外面的人只能知道它的总质量、总电荷、总角动量这三个量。

黑洞是一颗死亡了的星吗

黑洞是一颗忘了本的星，它丢掉了几乎所有的信息；黑洞是一颗死亡了的星，没有任何生命力。这是人们最初的认识。但是，后来有人认识到，并不是所有的黑洞都是死亡了的星。

首先是彭罗斯（又译作彭罗塞），这个人是数学家，后来参与广义相对论研究。他提出来，转动的黑洞存在储存着能量的能层。图 12-3 是克尔黑洞的剖面图，图中间几乎近似球形的那个面，就是外视界，最外面是无限红移面。你可以简单想象，黑洞外视界就像一个核桃的壳，无限红移面就像一个橘子的皮，所以其整体就像橘子中间是个核桃。那么黑洞的边界是什么？是这个核桃的壳，不是橘子皮。你要是坐飞船穿过无限红移面，只要不穿过核桃皮，不穿过外视界，你就是安全的，还可以飞出来。彭罗斯的研究表明，外视界和无限红移面之间储存着能量，于是把这个区域叫作能层。

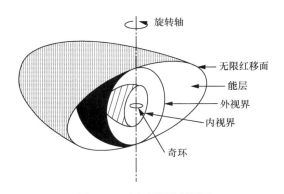

图 12-3　克尔黑洞的剖面图

　　彭罗斯研究发现，如果一个物体进入能层，再从里面飞出来的话，出来时它具有的能量有可能比它进入时的能量要大。为什么？他认为能层里面存在着负能轨道，进去的物体可能裂成两块，一块沿着负能轨道掉进黑洞，另外一块飞出来。沿负能轨道掉进去的物体，能量是负的，所以黑洞的能量就减少了；跑出来的这一块物体的能量，因为能量守恒的要求，就会比进入黑洞时的能量要大。所以他认为可以用这种方法从能层里提取能量，转动的黑洞实际上是有生命力的。这种从黑洞的能层中提取能量的过程，叫作彭罗斯过程（又称彭罗塞过程），如图12-4所示。这个理论到现在为止都没有被挑出什么毛病来。

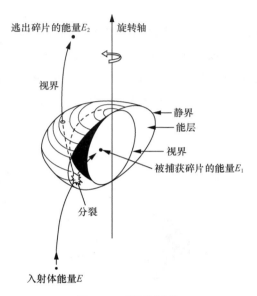

图 12-4　彭罗斯过程

后来有人就想，假如这个物体是量子级别的，那么这个物体不就同时是一个波了吗？有这样一种可能，入射波进入黑洞后，出来的出射波比入射波还强。提出这一可能性的人叫米斯纳，米斯纳就是我们前面提到的《引力论》的作者之一。米斯纳提出的黑洞的出射波这种辐射被称为米斯纳超辐射，它也会提取能层的能量。米斯纳超辐射和彭罗斯过程，都会把黑洞的能量和角动量向外提取，使这个黑洞的转动速度逐渐变慢，最后退化为施瓦西黑洞。

爱因斯坦的启发

这时候又有两个人公布了新发现，一个是苏联的斯塔罗宾斯基，另一个是加拿大的昂鲁。他们俩根据爱因斯坦的辐射理论提出，既然有超辐射，也应该有自发辐射。为什么这么想呢？和激光一样，超辐射本质上是一种受激辐射。激光理论是爱因斯坦最早提出来的，不过他当时还没有想到激光可以那么强。

爱因斯坦说：当原子处在高能级的时候，它有可能跃迁到低能级，放出一些辐射来；原子若处在低能级，则可以通过吸收辐射跃迁到高能级。如图 12-5(a) 所示，如果入射的光子能量 $h\nu$ 正好满足原子的两个能级差的话，这个原子就会吸收这个光子从低能级跳到高能级，这就是吸收过程。还有一种过程就是处在高能级的原子跃迁到低能级，并放出能量为 $h\nu$ 的辐射，这种情况叫自发辐射，如图 12-5(b) 所示。这两种过程大家都知道，但是爱因斯坦指出，还有另一种情况：当有大量原子处在高能级状态时，假如有一个光子入射进来，它的能量正好是这两个能级的差的话，它就可以刺激这些原子一下子从高能级都跃迁到低能级来，这就叫受激辐射，如图 12-5(c) 所示。受激辐射就是现在激光最根本的理论基础。

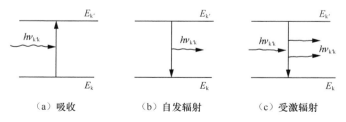

（a）吸收　　　　　　（b）自发辐射　　　　　　（c）受激辐射

图 12-5　原子的辐射与吸收

斯塔罗宾斯基和昂鲁认为，黑洞的超辐射相当于受激辐射；根据爱因斯坦的辐射理论，自发辐射系数和受激辐射系数之间是有关联的，如果一个不为零，另一个就不应该为零，所以他们说黑洞应该也有自发辐射。

"真空不空"与反物质

到底有没有自发辐射？后来人们发现，转动的黑洞和带电的黑洞都有自发辐射。

这里需要介绍一下狄拉克在基本粒子研究中提出的狄拉克真空的理论。他的主要意思是说，从量子的角度来看，真空并不是一无所有的。他根据自己提出的相对论性量子力学方程得出来，在真空当中不仅存在着正能态，还可能存在着负能态，如图 12-6 所示。下面我们以电子为例来进行讨论。

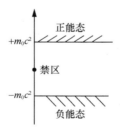

图 12-6　狄拉克真空

比如有一个电子，它的静质量是 m_0，它可能处在大于或等于 m_0c^2 的能态。能量恰好等于 m_0c^2，就是一个静止不动的电子；如果大于 m_0c^2，就是电子在运动，它有动能。狄拉克说电子还可能存在负能态。负能态是什么呢？就是这个电子静止时的能量是 $-m_0c^2$。此外，还有能量比 $-m_0c^2$ 更低的电子。后来他由此预言了正电子。

狄拉克认为，真空并不是大家通常认为的什么都没有，真空其实是能量最低的状态。

可以把真空比作一个最贫穷的人。兜里一分钱都没有、穷得叮当响的人并不是最穷的。如果有一个人，不仅兜里没钱还借了好多朋友、银行的钱，最后把所有可以借钱的地方全借遍了，他兜里还一分钱没有，那才是最穷的。

同样，能量最低的状态并不是一个电子都没有的状态，因为还存在很多负能的电子状态。只有负能电子状态全部填满，而正能电子状态全空着，才是真正的能量最低的状态，也就是真空态。

因为一个电子不能具有半个电子的能量，所以 $+m_0c^2$ 和 $-m_0c^2$ 之间是一个禁区，没有电子。$+m_0c^2$ 以上都是正能电子的区域，而 $-m_0c^2$ 以下的地方都是负能电子区域。

狄拉克说既然真空当中有负能电子存在，我们就可以打击真空，给一个负能电子正能量，让它越过禁区跳到正能空间里头。这样就产生一个正能电子，同时留下一个负能空穴。由电荷守恒定律可知，因为正能电子带负电，所以负能空穴应该带正电。大家注意，因为禁区的宽度是 $2m_0c^2$，所以要使负能电子跃迁到正能态，必须给它 $2m_0c^2$ 的能量。可是生成的正能电子的能量只有 m_0c^2，那另外的 m_0c^2 哪里去了？只能留给负能空穴。所以，能量守恒定律要求负能空穴的能量是正的。这相当于从真空当中打出了一个电子对，如图 12-7 所示。

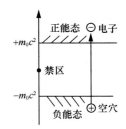

图 12-7　正负电子对的产生

　　电子对中的两个电子，一个带负电（即我们通常所说的电子），另一个带正电（即负能空穴，称为正电子）。我国留美学者赵忠尧先生最先做成功了从真空当中打出正负电子对的实验，而且首先观测到正负电子对重新湮灭成光子。遗憾的是他头脑中没有正电子这个概念，而且同时还有几个实验的结果否定了他的实验，后来人们才知道那几个实验全部都是错的，只有他的实验是对的。但是这些错误的实验把他耽误了，诺贝尔奖评委会大概也看不起中国人，认为正电子发现者是安德森，所以最后把诺贝尔物理学奖发给了安德森一个人。安德森确实首先确认了正电子，但是赵忠尧先生也应该有一份功劳，遗憾的是他没得着。

　　研究表明，对于所有自旋为半整数的基本粒子，都可以给出与上述电子真空类似的狄拉克真空，例如质子真空等。质子真空中的负能空穴，就是带负电的反质子。反质子又可以和反中子一起构成反原子核，外面有正电子围绕转动，形成反原子，这就是反物质。现在，有些反物质已经在实验室中造出来了。所以，可以说狄拉克、赵忠尧和安德森的工作，开创了人类认识物质世界的新阶段。

　　赵忠尧先生后来回国了，对我国核物理的发展有很大的贡献。

黑洞附近真空的形变

　　根据斯塔罗宾斯基、昂鲁的研究，如果黑洞转动或者带电，在远离黑洞表面的地方，即图 12-8 中右边的区域，狄拉克真空中间是个禁区，上面是正能态，下边是负能态，和平直时空情况一样。但是到了黑洞附近，最低正能态和最高负能态的曲线就往上升，禁区就缩小到零，正负能态都缩到一个点上。

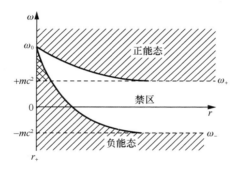

图 12-8　黑洞附近的狄拉克能级

　　图 12-8 中纵轴处就是黑洞的表面。在黑洞表面附近出现了一个有交叉线的阴影区，这个阴影区充满了负能的电子，但是它的能量居然比普通真空当中的正能态的能量都要高，所以这些电子有可能通过隧道效应从禁区里穿出来，成为正能电子。这样一个效应，就是黑洞的自发辐射。斯塔罗宾斯基和昂鲁对这种自发辐射做了预言和计算。后来我们课题组也在动态黑洞情况下做过一些计算和研究，做了一点小的推广。

　　所以说黑洞有受激辐射，还有自发辐射，这两种辐射都是量子过程，都能够把黑洞的转动能和电荷带走。随着转动能和电荷被带走，黑洞就会慢慢静止下来，而且不带电了，于是就退化为施瓦西黑洞。

我们可以把施瓦西黑洞视作黑洞的基态，而转动的黑洞和带电的黑洞好像是黑洞的激发态，它们会慢慢地退化成不带电也不转动的施瓦西黑洞。我们看到，虽然转动和带电的黑洞还有一些生命力，还有包括彭罗斯过程、米斯纳超辐射、自发辐射在内的物理过程，但是当它们退化为施瓦西黑洞后，就成了已死亡的星。这就是当年霍金进行黑洞研究时的背景。

第十三课
霍金——"伽利略转世"

伽利略逝世 300 周年这天，霍金诞生了

现在我们来介绍一下霍金，如图 13-1 所示。霍金 1942 年 1 月 8 日出生于牛津，这一天刚好是伽利略逝世 300 周年。他做报告时经常开玩笑地提起这一巧合，好像在暗示大家，他像伽利略再世一样。但是他也说了，其实那天出生的孩子成千上万，所以这个也没什么了不起。虽然出生于牛津，但霍金的家不在这里。当时第二次世界大战正在进行，英国到处被德国飞机轰炸，但是英国和德国之间达成一个默契，德国飞机不炸牛津和剑桥这两个英国的文化中心，而英国和美国的空军则不炸德国的格丁根和海德堡。所以霍金他妈妈就到牛津去生孩子。

图 13-1 霍金

霍金的父母都毕业于牛津大学。他的父亲是学生物医学的，他一直希望霍金当医生，认为医生是最好的职业。霍金的母亲是搞文秘工作的，

她年轻时是英国共青团员，后来加入了工党，她经常带着霍金去参加游行这一类的政治活动。

霍金说，自己家不是很有钱，上不起师资和硬件条件比较好的私立中学，所以他上了一个比较好的公立学校。当时英国在搞教育改革，想通过竞争来选拔优秀学生。英国为什么要搞教育改革呢？很重要的一个原因是苏联发射了人造卫星。我记得在 20 世纪 50 年代的时候，美国人吹嘘说他们很快就要造出洲际导弹了，说洲际导弹是"最后的武器"，这个东西打过去以后，对方根本没法防御。结果他们还没造出来，苏联就宣布在西伯利亚发射了一枚洲际导弹，飞了 8000 千米，这都能够着美国本土了。美国刚开始还有点不信，结果后来苏联的人造卫星上天了，美国才相信，因为只有用作洲际导弹的火箭才能发射卫星。于是美国等西方国家开始反思，觉得他们的教育有问题，导致科学技术方面被苏联追上来了，所以开始进行教育改革，当然改革也是在尝试中进行的。

比如说霍金在中学碰到的情况。当时一个年级分成几个班，成绩最好的学生分在 A 班，中等的在 B 班，最差的在 C 班。每一年，这几个班之间的学生要调一下。比如，A 班 20 名以下的学生降到 B 班，B 班前若干名升到 A 班，然后 B 班排名靠后的学生降到 C 班，C 班成绩好的学生又升到 B 班。霍金起先在 A 班，第一学期考了第 24 名，第二学期考了第 23 名，眼看就要降到 B 班了。不过还好，他们有三个学期，第三学期霍金考了第 18 名，终于没有降到 B 班。霍金很反对这种教育制度，他认为这种制度对于降班的孩子心理打击太大了。这种方式确实不利于那些大器晚成的学生，他们可能一下子就落后了。

在中学时，霍金自信心不足，他觉得自己功课一般，字也写得不好，但是他的同学们好像看出什么苗头了，给他起了个外号叫爱因斯坦。大概因为他经常谈论些科学问题，例如："是不是真的需要上帝帮忙才能够出现宇宙？""远处的星系发的光为什么会发红，是不是光子走得太累了？"……可见他的知识面还是比较宽的，要不然他不会谈论这些内容。

霍金刚开始是不喜欢物理的，他觉得中学的物理简单而且枯燥，而化学就比较有意思，经常发生一些意想不到的事情，比如爆炸啦，着火啦，等等。后来他受一位老师的影响，开始喜欢物理了，于是他就考牛津大学物理系。考试的前一天晚上，他失眠了，怕考不上，不过最终还是考上了。

从牛津大学到剑桥大学——重病来袭

霍金考上大学之后，正好赶上牛津大学也在搞教育改革。学校在学生入学时考一次中学的课程，之后大学本科三年都不考试，只在最后临毕业的时候，把这三年学的所有课程在四天之内全部考一遍。霍金说，刚开始因为不考试，他就抓得不紧，混了很长时间。后来一算，他平均每天的学习时间也就大概一小时。但是他的功课还是比较好的。有一次，电磁学课的老师让学生们回去自学课本的某一章，并做完后面的13道题，下次上课时交给他。下课后，其他的同学就忙着做题，那些题很难，有的同学10多天就只做出一道，最多的做出两道。霍金一直没有做，到快交作业的时候，他才想起来作业还没有做，于是赶紧做作业。同学们来约他玩他也不去了，大家直摇头，这小子这时候才想起做作业来。他们都准备看他的笑话。等到他们玩完从外边回来，正好碰到霍金要下楼吃饭，同学们问他："你题做得怎么样了？"他说："这些题还真挺难的，我没有全做完，只做了 10 道。"大家觉得，这小子还真是挺厉害。

霍金起先喜欢粒子物理，后来发现搞粒子物理的人只是不停地在那里研究对称性，研究基本粒子的分类，他认为这跟植物学差不多，没什么意思。看来，他当时还不知道杨振宁先生的规范场理论，这个理论已经尝试把对称性和相互作用场联系起来了。他觉得还是天体物理比较有意思，天体物理中有一个广义相对论在支撑着，这是一个很深奥的理论，因此他的兴趣就转向了天体物理。

后来霍金考天体物理方向的研究生。笔试以后，他们宿舍四个人里，包括霍金在内的三个人都觉得考得很糟糕，没发挥出水平来，只有一个同学比较自信，觉得考得还不错。最后结果一发布，除去觉得考得不错的那个人没考上以外，他们三个人都通过了。然后霍金就参加口试，考官问他准备留在牛津大学还是去剑桥大学。霍金说："你们要是成绩给我一等，我就去剑桥大学；你们只给我二等，我就留在牛津大学了。"结果人家给了他一等，让他去了剑桥大学。看来这两个大学大概是统一招研究生，可以交换。

霍金去剑桥大学以后，不到一年就查出得了肌萎缩侧索硬化这个病，也就是我们常说的"渐冻症"。他是在系鞋带时发现自己的手不大灵活了。后来他去找医生看，英国的医学水平比较高，医生一看，说："年纪轻轻怎么得这病了！没法治。吃点好的吧。"他一想，自己的青春生活还没有开始就要结束了，觉得特别懊丧，于是成天躺在宿舍里喝酒。幸好这时候有一个人鼓舞他，就是他的女朋友，伦敦一个大学学文科的学生，她跟他说："没关系，我还是要跟你好，你病了我也会跟你结婚，你放心。"霍金受到鼓舞，想到将来得养家，于是他开始努力了。一努力，他发现自己还挺喜欢学习的，于是他的学习成绩就上去了。

"教授，你算错了！"

研究生阶段要选择导师，他本来是想跟霍伊尔学习。霍伊尔是位很杰出的天体物理学家，他提出了稳恒态宇宙模型。现在大家知道的描述宇宙起源的大爆炸模型，原来被称为火球模型（由伽莫夫提出），依据该模型，宇宙起源于一个原始的核火球，然后膨胀降温。科学家基本上在这个物理图像下对宇宙进行详细的描述。伽莫夫提出火球模型以后，霍伊尔表示反对，他说根本就没有什么大爆炸，宇宙一开始就跟我们现在知道的差不多，它不断地膨胀，在膨胀的过程中不断地有新物质从真空中产生出来，所以宇宙中物质的密度是保持不变的。霍伊尔的这种模型就叫稳恒态宇宙模型。他讽刺伽莫夫的火球模型，说那个火球就像一场大爆炸，干脆叫大爆炸模型算了。结果，后来大爆炸模型这个名字就传开了，说火球模型的人反而不多了。

霍金想当霍伊尔的研究生，但是霍伊尔不要他。剑桥大学正好还有另外一位搞天体物理的教授夏默（又译作席阿玛）。霍金以前没有听说过他，后来一打听，夏默这个人在研究生当中口碑不太好，因为他不管学生，不给学生课题。

由于霍伊尔不要他，霍金只好当了夏默的研究生。霍金刚开始没有课题，他对霍伊尔那边的研究仍然很感兴趣，于是就走进了霍伊尔的印度研究生纳里卡的办公室，霍金问纳里卡在研究什么，纳里卡说："我的老师在改进他的理论，提出了一个新的方案，我在帮他算。"霍金说："我帮你算怎么样？"纳里卡一想，有人帮着算还不好吗，就同意了。纳里卡问霍金他自己的论文怎么办，霍金说先不管它，先帮你算。

算的过程当中，霍金发现修改后的稳恒态模型有一个大的漏洞：霍伊尔的新理论当中有一个系数是无穷大。大家知道，系数必须是有限值，既不能是零也不能是无穷大。因为如果是零，它乘什么东西都是零；如果是无穷大，它乘什么都是无穷大。结果他发现这个理论中有个系数是无穷大，有大问题。霍金跟纳里卡说了，纳里卡没敢跟他的老师讲。

过了不久，霍伊尔要在伦敦做报告，大家都跑去听。霍伊尔还不知道他这个理论已经被发现有问题了，还在上面讲他那个模型。讲完了以后，霍伊尔问大家有没有问题。霍金坐在后排。他当时走路已经有点不方便了。他拄个拐杖站起来，说报告里那个系数是无穷大。霍伊尔说不是无穷大，霍金说是无穷大，霍伊尔说不是，霍金又说是。于是听众就笑起来了。霍伊尔是有名的教授，受到嘲笑心里觉得很难堪，就问霍金他怎么知道，霍金说自己算过。又是一片笑声，霍伊尔非常生气。

后来霍金进一步说明了计算过程，霍伊尔一看这个系数真的是无穷大，就知道这个理论错了。霍伊尔特别生气，就跟别人讲，霍金这个人不讲道德，既然发现了他的理论有问题，为什么不早说出来？霍金的那些朋友就帮霍金说话，说真正不道德的是霍伊尔教授，还没好好检查自己的理论就跑出来讲。最后，霍伊尔把他所有的怒火都撒在了纳里卡的身上。

但这件事情倒使霍金的老师夏默觉得，这学生还真行，居然能够挑出霍伊尔教授的毛病。霍金后来的博士论文的前一半就是讲霍伊尔那个理论毛病的，后一半是跟彭罗斯（图13-2）有关的。我们前面提到过彭罗斯，他是搞数学的，夏默把彭罗斯拉过来搞广义相对论，于是霍金就结识了彭罗斯。他发现彭罗斯提出的一个奇点定理非常有趣，于是就参与了研究工作。

图 13-2　彭罗斯

幸会彭罗斯

奇点定理是怎么回事呢？大家知道，静止黑洞的中心有一个奇点，它的时空曲率和物质密度是无穷大。对于转动的黑洞，中心是一个奇环，它的密度和曲率也是无穷大。膨胀的宇宙大爆炸模型有一个初始的奇点，大坍缩宇宙有一个终结的奇点，它们都是时空曲率和物质密度为无穷大的点。

是不是爱因斯坦场方程的所有解都有奇点呢？苏联物理学家栗弗席兹和哈拉特尼科夫对此进行了研究。他们二人都是优秀的物理学家，是著名物理学家朗道的学生。按照杨振宁先生的说法，20 世纪最伟大的物理学家是爱因斯坦、狄拉克和朗道。当时朗道已经去世了。栗弗席兹和哈拉特尼科夫提出一个想法：奇点并不是广义相对论的必然结果。那为什么会出现奇点呢？是因为我们把时空的对称性想得太好了，把时空对称性想得毫无缺陷才会出现奇点。这点他们有他们的道理。他们说，一个星体要保持标准的球对称往下坍缩，所有的物质才会缩成一个点。一个均匀转动的轴对称星体坍缩下来，它必须一直保持严格的转动轴对称才能保证形成一个奇环。

可是真实的星体坍缩不可能总是那么严格、那么标准的球对称和轴对称，构成它的物质在坍缩时一定会出现错位，所以这些物质就不会形成奇点和奇环了。这样看来，奇点和奇环的出现是我们把时空对称性想得太好了造成的。

但是，为什么大家会把时空的对称性想得太好呢？这和我们的数学能力有关系。因为爱因斯坦场方程是由 10 个二阶非线性偏微分方程组成的方程组，没有一般解法，解起来非常困难。所以数学家和物理学家在求解的时候就尽量简化这个时空的模型，把它的对称性想得好一点，对称性越好就越容易求解，这就导致了奇点和奇环的出现。

这两位物理学家提出这个看法以后，彭罗斯觉得不是这样。他认为奇点是广义相对论的必然结果，于是就提出并证明了一个奇点定理，他把奇点看成时间开始和终结的地方。黑洞里的中心奇点位于 $r = 0$ 处，但是在黑洞内部，时空坐标互换了，r 是时间，所以黑洞奇点是时间的终点，而白洞的那个奇点是时间的起点。所以他证明奇点一定存在，也就证明了在黑洞和白洞的情况下，时间演化的过程一定有开始和结束。

霍金认识了彭罗斯以后，觉得他提出的奇点定理非常有意思。我们知道，时间有没有开始和结束，自古以来只有少数人讨论，他们都是哲学家和神学家，当然都是些特别聪明的人。现在搞物理的人出来说，时间有开始和结束，这当然不一般了。霍金对这一定理十分感兴趣。他把宇宙大爆炸模型与黑洞、白洞联系起来想，觉得它们有很多相似之处。他猜想，宇宙膨胀的时候，我们是不是也能证明一定有一个时间的起点；而宇宙大坍缩的时候，是否最终也一定有一个时间的终点。于是他就着手进行证明。

霍金在他的博士论文第二部分中证明了宇宙演化中的奇点定理。他后来发现自己的证明有漏洞，于是又进行修改。所以奇点定理是彭罗斯和霍金两个人证明的。从此霍金开始主要从事黑洞的研究。

图 13-3 所示的这张照片是霍金在剑桥大学的时候，跟他的同班同学一起照的，前排中间坐着的男生是霍金。图13-4是霍金结婚时候的照片，

图 13-3　大学时期的霍金

这时候他已经拄着拐杖了。他的夫人给他生了三个孩子，后来他们离婚了。之后霍金又跟他的护士结婚了。

图 13-4 霍金的婚礼

霍金做出重大贡献以后，夏默很高兴，他说，我对物理学和天文学做了两个贡献：第一是培养了霍金这名学生，第二是把彭罗斯拉过来搞广义相对论。

我刚开始很不理解夏默培养学生的方式，觉得他好像不管学生，简直有点不负责任，作为导师怎么能这样呢？可是后来一看，当时的八九个跟霍金几乎同年龄的世界上最杰出的广义相对论研究者中，有四个（包括霍金在内）是夏默的学生，可见他培养学生的方法是对的。我后来也悟出来了，博士生导师不能像硕士生导师那样，又给学生找课题，又步步指导；而应该让学生自己做，最多也就是给他们个课题。我记得我们学校的黄祖洽院士说，他培养的研究生不错，主要是学生自身不错。我当时想，这是黄先生谦虚。后来我才明白，他不完全是谦虚，真的是有这方面的关系。

第十四课
霍金的贡献

从奇点定理到面积定理

接下来我们介绍霍金的几个重要成就。他的第一个重要成就是跟彭罗斯一起证明了奇点定理。他们证明了在一个合理的（因果性成立，至少有一点物质存在，能量非负，广义相对论成立）物理时空当中，至少有一个物理过程，它的时间有开始或结束，或者既有开始又有结束。这就是奇点定理最重要的内容。

对奇点定理更严格的证明是在 1970 年左右由霍金和彭罗斯共同给出来的。但是我认为对这个定理贡献最大的人是彭罗斯，因为他首先提出了这个定理的思想，然后他和霍金两个人分别进行了证明。

霍金的第二个重要成就是黑洞的面积定理。面积定理是怎么提出的，又是什么内容呢？霍金后来已经病得生活上不大能自理了。有一次他刚脱了衣服准备上床睡觉，突然想到，可以用一种方法证明黑洞的表面积随着时间的推移只能增加不能减少，他赶快记录下来，第二天就开始写证明过程，于是就得到了黑洞的面积定理。我们后面会看到，这个定理显示黑洞的表面积很像热力学中的熵。由此就引起了人们对黑洞具有温度的猜测和证明，最后霍金证明了黑洞确实有温度，有热辐射，也就是霍金辐射。这是他的最大成就。

从面积定理可以得出一个推论：一个大黑洞不能分裂成两个小黑洞。因为可以证明这两个小黑洞的表面积之和是小于大黑洞的表面积的，这不满足面积定理。相反，两个小黑洞可以并合成一个大黑洞，并合而成的大黑洞的表面积大于两个小黑洞的表面积之和。2016 年，发现引力波 GW150914 的报道说，这是两个比较小的黑洞并合成一个大黑洞时产生的引力波，大黑洞的总质量小于两个小黑洞的质量之和，但是大黑洞的表面积大于两个小黑洞的表面积之和。所以这次黑洞并合满足面积定理而并合后的总质量减少，减少的那部分质量就变成了引力波，参见图 7–1。

贝肯施泰因的大胆突破——黑洞是热的

美国的惠勒教授有一个年轻的研究生贝肯施泰因（又译作贝肯斯坦），他听说霍金的面积定理之后就想，黑洞的表面积为什么只能增加不能减少呢？物理学当中还有没有其他类似的东西？他想到热力学中的熵也是只能增加不能减少，于是猜想黑洞的面积定理可能是热力学第二定律在黑洞情况下的表达。

贝肯施泰因跟惠勒讲了他的想法，惠勒很支持他。于是他设想黑洞的表面积是熵，并尝试用黑洞的几个参量写出了一个像热力学第一定律公式的式子。式 (14–1) 就是通常的热力学第一定律的公式，式中 U、T、S、p、V 分别为系统的内能、温度、熵、压强和体积，$Td S$ 为系统吸收的热量，pdV 为系统对外所做的功。贝肯施泰因用黑洞的几个参量给出的公式为式 (14–2)，其中，κ 为黑洞的表面引力，A 为黑洞的表面积，后面两项分别表示黑洞转动角动量 J 和电荷 Q 变化引起的黑洞能量变化，Ω、V 分别为黑洞的转动角速度和两极处的静电势，M 为黑洞总质量。由于采用了自然单位制，光速 $c=1$，所以 M 也就是黑洞的总内能。贝肯施泰因得到这个公式以后，与热力学第一定律的公式比较，发现 κ 就像是温度，A 就像是熵。

$$dU = Td S - pdV \qquad (14–1)$$

$$dM = \frac{\kappa}{8\pi}\, dA + \Omega d J + VdQ \qquad (14–2)$$

贝肯施泰因不仅给出了这个类似于热力学第一定律公式的式子，他还模仿其他三条热力学定律写出了黑洞热力学的定律。他指出霍金的面积定理［式(14–3)］类似于热力学第二定律［式(14–4)］，黑洞表面积和熵一样只能增加不能减少。

$$dA \geqslant 0 \qquad\qquad (14\text{–}3)$$

$$dS \geqslant 0 \qquad\qquad (14\text{–}4)$$

他给出的类似热力学第三定律的结论是：不能通过有限次操作把一个黑洞的表面引力降到零。而通常的热力学第三定律的表述是：不能通过有限次操作让温度降到绝对零度。

热力学中还有一个第零定律。热力学第零定律是指热平衡的传递性，或者是说任何一个系统放在那里不动的话一定会达到一个不随时间变化的平衡态，这个平衡态一定可以用一个常数——温度来描述。贝肯施泰因同样给出了黑洞热力学的第零定律：不随时间变化的黑洞，它的表面引力一定处处相同。

180 度大转弯：霍金辐射的发现

就这样，贝肯施泰因给出了黑洞热力学的四个定律。但是霍金不能接受贝肯施泰因对他的黑洞面积定理的解释。他想，黑洞表面积怎么可能是熵？面积定理只是用微分几何和广义相对论证明的，没有用到统计物理的假设，也没有涉及热效应，所以面积定理中不可能有熵。霍金跟另外两位物理学家，卡特和巴丁，写了一篇反驳贝肯施泰因的文章，但并不是反驳他的公式。他们说那些公式都对，但公式里的黑洞表面积只是像熵而不是熵，表面引力只是像温度而不是温度，这四个定律不是热力学定律，而是力学定律，与热无关。

这篇文章我还曾经仔细看过，当时登在德国的《数学物理通讯》上面，是他们在外边参加一个暑期讨论班的时候写的。开完会霍金返回了剑桥大学，他忍不住想，万一贝肯施泰因是对的呢？霍金原来之所以反对贝肯施泰因，是因为他认为黑洞是一个只进不出的物体，如果这个物体有温度它就会有热辐射，所以他觉得黑洞不可能有温度。可他现在又想，万一黑洞真的有温度，它是不是真的会有热辐射呢，我能不能证明这个呢？于是他经过一番研究，证明了黑洞真的有热辐射，有温度。这时候他说，黑洞的温度是真温度，黑洞的表面积是真熵——霍金来了个 180 度大转弯。他怎么解释黑洞可能有热辐射的呢？下面我们来介绍一下。

大家知道，现代科学认为真空不是一无所有，里面会不断地产生虚粒子对，比如正负电子对。这个虚电子对中一个电子是正能，另一个电子是负能，总能量是零，不违背能量守恒定律，它们产生出来以后很快就湮灭，这种效应叫量子涨落。因为虚电子对存在的时间非常短，一进行测量，就会造成一个很强的干扰能量，把它们掩盖，所以我们无法直接观察到正负能的虚电子对，但是能够看到量子涨落的间接效应，所以量子涨落被大家接受了。

霍金把这个效应用到了黑洞附近，如图 14-1 所示。霍金说黑洞表面附近的量子涨落会有几种不同的情况。如果虚电子对产生后很快湮灭，或者像图 14-1 中黑洞的右下角这样，两个都掉进黑洞，那么没有任何效应。而如果正能电子飞走，负能电子掉进黑洞，一直落向黑洞的中心，那么黑洞的能量就减少了。

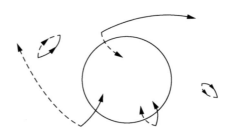

图 14-1 霍金辐射的产生

有人说正能电子掉进黑洞，负能电子飞走行不行？不行。因为黑洞的外部只能存在正能粒子，只有黑洞的内部才有可能存在负能粒子，这两个时空区性质不同，如果正能电子掉进黑洞，负能电子肯定跟着掉进去。因此只有这种不对称的情况，也就是负能电子掉进黑洞，正能电子跑到远方时，才会出现新的效应。这时远方的观测者觉得从黑洞处射来了一个电子，黑洞本身减少了一个电子的电荷能量。这样，黑洞辐射的理论就形成了，这就是它的物理解释，这简直是一个巨大的成功。霍金的这一成果首先以快报的形式发表在英国的《自然》杂志上，完整的学术论文则刊登在德国的《数学物理通讯》上。

黑洞有热辐射是霍金的第三个重要发现，也是他一生中最重大的发现，黑洞的热辐射通常称为霍金辐射。

黑洞的负比热

因为黑洞的温度跟质量成反比，所以它的比热是负的。因此黑洞跟外界不能达到稳定的热平衡。

我们知道，放在外面的一杯热水是能够跟外界的温度达到热平衡的，因为它的比热是正的，当热量往外流的时候，热水的温度降低，最后降到和外界空气的温度一样，就达到了稳定的平衡。如果是一杯凉水，外界温度高，那么热量会从外界流入水中，使水温升高，逐渐达到与外界温度相同，最后同样会处于稳定的热平衡。

但是黑洞不一样。假如开始时黑洞与外界处于热平衡状态，二者温度相同，黑洞发生热涨落后，温度略微比外界升高了一点，由于它的比热是负的，它放出热量以后，自身的温度不是降低而是升高，与外界的温差会越来越大，热辐射会越来越猛烈，直至小黑洞爆炸消失。同样，假如原来跟外界处于热平衡的黑洞突然由于热涨落而降温，降温后外界的热量就往里流，它的效果不是升温，而是因为黑洞的质量增大而进一步降温，所以外界的热量更要不断地往里流，黑洞会越长越大。这种热平衡是不稳定的，稍有扰动马上就被破坏了，大家要注意黑洞的这种特点。

图 14-2 所示是一张双星系统的想象图。所谓双星系统就是有两颗恒星的系统。在宇宙中，像我们太阳这种单独一颗恒星的系统比较少，一般的恒星系统都有两颗以上的恒星。有两颗的叫双星，有多颗的叫聚星。图 14-2 中，那个白色的球是一颗像太阳一样的气态恒星；左边那个圆盘的中心有一块黑的地方，那是另一颗恒星形成的黑洞。在双星系统中，一颗恒星形成黑洞以后，会把还没有形成黑洞的那颗恒星的气体吸过来，围着它转。气体不断地旋转着往黑洞里掉，就形成了一个吸积盘。所以黑洞的质量不断增加，它在长大，而且垂直于吸积盘方向有含有物质的喷流。这种喷流现象在宇宙空间中大量存在并被观测到，问题是吸积盘中间的天体不一定是黑洞，别的星体也可能会有喷流。

图 14-2　黑洞吸积与喷流

昂鲁教授恍然大悟

除去霍金预言的黑洞热辐射以外，还有一种类似的情况，这种情况叫作昂鲁效应。昂鲁是我们前面提到的加拿大物理学家。

我们现在来讨论平直时空中的真空情况。考虑有若干观测者分别在各个惯性系中静止，这些惯性系相互之间有相对运动。如果其中一个惯性系中的观测者觉得周围是真空，没有任何辐射和物质，别的惯性系当中的观测者也会有同样的观点。所有的惯性系中的观测者都会觉得自己所在的环境是真空，不会有什么其他情况出现。但是昂鲁研究了另外一种情况，假如有一个非惯性系中的观测者，他不是做匀速直线运动，而是做匀加速直线运动。昂鲁对这个参考系进行了研究，发现匀加速直线运动的观测者会认为周围环境不是真空的了，其中存在热辐射，热辐射的温度跟他的加速度成正比，这个效应叫作昂鲁效应。

昂鲁发现这一效应比霍金发现黑洞热辐射早一年左右。当霍金证明了黑洞有热辐射以后，昂鲁恍然大悟：黑洞的热辐射效应跟他发现的这个效应本质上是相同的。他进行了证明，在平直时空中静止的观测者和做匀速直线运动的观测者认为的真空，在做匀加速直线运动的观测者看来不是真空，而是充满了热辐射，其温度是跟他的加速度成正比的。在加速运动的观测者的后方会出现一个几何曲面，也是一个视界。这个曲面就类似于一个黑洞的表面。所以现在人们把黑洞热辐射的霍金效应和昂鲁发现的效应合称为霍金–昂鲁效应，也承认了昂鲁的贡献。

为什么惯性系中的观测者觉得是真空，匀加速直线运动的观测者却在真空当中看出有温度和热辐射呢？主要是这两个人用的时间坐标不一样，这就造成了他们的真空能量零点不一样，因此他们的真空是不等价的。科学家已经证实，平直时空当中是有零点能的，零点能就是真空的能量涨落，是不断从真空中产生又湮灭的虚粒子的能量，如图 14-3(a) 所示。惯性系中的观测者感觉到的真空，存在零点能，而做匀加速直线运动的观测者所感觉到的真空，能量零点降低了，于是原来惯性观测者所认为的零点能在加速系中以热辐射的形式呈现出来，这就是昂鲁效应，如图 14-3(b) 所示。

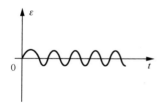

（a）平直时空的真空零点能

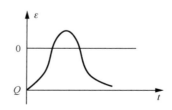

（b）加速运动观测者时空的真空能量零点下降到 Q 点，平直时空的真空零点能以热能形式呈现

图 14-3 昂鲁效应

霍金的成就及带来的挑战

霍金证明了黑洞有热辐射。不过，黑洞有温度首先是贝肯施泰因猜出来的，而且给出了一定的论证。但是黑洞有热辐射是霍金提出并给出证明的，这一证明确认了黑洞有温度，所以霍金的功劳是很大的。昂鲁也对这个发现有贡献。

不过这种辐射如果存在，就要破坏信息守恒的观点。为什么呢？因为组成黑洞的物质，原来都是一些有一定结构的星体，具有一定的信息。原来人们认为，物质进入黑洞以后虽然黑洞外部的信息会丢失，但是实际上这些信息藏在了黑洞内部，我们看不见并不意味着它们从宇宙中消失了。现在，这个黑洞会产生几乎不带任何信息的热辐射，而且黑洞的比热是负的，它越辐射温度越高，最后黑洞就完全变成热辐射了，也就是说，原来掉入黑洞的物质带进去的信息全部都消失了，所以信息从宇宙中丢失了。信息不再守恒，这是一个大问题。在第十五课中，我们会进一步探讨这一问题。

我想，黑洞有温度这一发现，更深刻的伟大之处，不仅仅是针对黑洞的。你想，黑洞完全是用微分几何和广义相对论得到的东西，是一个纯粹力学的问题。时空弯曲本质上就是万有引力，跟热完全不沾边。跟热不沾边的东西居然出现了热效应；这样一个完全纯几何的黑洞，居然有温度和熵。这是不是在暗示我们，在热和引力之间存在着我们以前不知道的、非常值得进一步探讨的深刻联系。我觉得发现黑洞有温度和热辐射的最重要意义可能在这个地方。

此外，霍金对宇宙学也有贡献，他质疑了霍伊尔的稳恒态宇宙模型。现在大家不怎么提霍伊尔的稳恒态宇宙模型了，为什么？不仅仅是因为霍金挑出了它的毛病，那还不是最重要的；最重要的是后来发现了 3K 背景辐射。这个微波背景辐射就是火球模型原来预言的大爆炸的余热，而霍伊尔的模型没法解释这个东西。在霍金质疑稳恒态宇宙模型之后一两年，美国科学家正好就观测到了大爆炸的余热，也就是 3K 背景辐射，所以后来人们就不太提稳恒态宇宙模型了。但是有人认为宇宙演化的早期，也就是宇宙刚刚从大爆炸过程中产生的那个阶段，其实还是可以用稳恒态宇宙模型来描述的，只是现阶段的宇宙肯定不能用稳恒态宇宙模型描述了。

另外，在时空隧道、时间机器等理论被提出来之后，霍金也对它们进行了研究。对于一个人能不能回到过去这样的问题，霍金提出了一个时序保护猜想，认为一定有一个物理效应可以阻止一个人回到或影响自己的过去。

不到长城非好汉

我简单介绍一下霍金的三次中国之行。霍金第一次访问中国是在 1985 年，就是在那年，我近距离见到了霍金。那一年中国科学技术大学（简称中科大）天体物理中心邀请霍金做学术交流。霍金本人很想来，但英国方面当时很犹豫，认为中国的医疗卫生条件不太好，而且中科大是在合肥，还不是北京，他们担心这位珍贵国宝会在那里发生意外，就不大同意。最后中科大做了很多工作，钱临照院士是英国皇家学会的会员，对那边做了很多工作以后，英国方面终于同意了。霍金到了中国后，先访问了中科大，同时提出想到北京来一下，想上长城。于是中科大的人就跟我们学校的刘辽先生联系，我们就欢迎霍金访问北京师范大学（简称北师大），这样他就来到了北京。他希望上长城，我们的学生就把他抬上了长城。霍金在北师大的 500 座教室里发表了演讲。当时他还没有安喉咙发声器，他演讲时的发言几乎没人听得懂，只有他的助手、医生和太太能听懂，所以当时他的助手把他的发言转换成普通的英语，再由两位教授翻译成中文给学生听。当时他的医生说，他活不了多久，最多再活两三年。但医生估计的偏差太大了，他后来又活了 30 多年，一直活到 70 多岁，2018 年才去世。

2002 年，霍金第二次访华，2006 年他第三次访华，这两次物理学会都没有找我们学校，据说是科协（中国科学技术协会）请的。新闻界宣传得很厉害，但其实这两次基本没有学术交流，只是请他做了一些科普报告。

霍金第三次访华的时候，有一件挺滑稽的事情。我们学校的学生提出来能不能搞点儿票。我当时正好是中国物理学会引力与相对论天体物理分会理事长，我就给物理学会打电话，说我们有很多学生想要点儿票到人民大会堂听霍金演讲。对方问我要多少张票，我当时说要 10 张，对方说行，没问题。我一听答应得很痛快，马上问 20 张怎么样，对方说 20 张也行。我一想我是不是要得太少了，就想再多要点儿。于是我回去问学生会、团委共有多少人想去，他们说可以要 600 张。于是我就狮子大张口向物理学会要 600 张，对方也答应了，但告诉我一定要保证人都去，不能废票。学校马上开了介绍信，我们就去领了。那时候我们去了好多学生，我想这次报告对于这些学生的一生都会有影响，他们一定会记得他们亲眼见过霍金，而且是在人民大会堂。

图 14-4 所示是霍金在长城上。霍金后边的年轻人叫朱宗宏，他当时已经考取了我们专业的研究生，马上就要本科毕业了，他后来当过北师大

的天文系主任。旁边背对着我们的这个人是梁灿彬教授。那次我没有去长城，但我跟霍金也有一张合照，这张照片由清华大学研究科学史的刘兵教授保存，我们俩站在霍金背后拍了这张照片（图14-5）。

图 14-4　霍金在长城上

图 14-5　霍金、作者（后排左一）与刘兵

第十五课
黑洞与信息守恒的争论

霍金打赌：黑洞信息守恒吗

现在我们谈谈有关黑洞的信息疑难问题。在黑洞外部的人向黑洞看，只能获得三条信息，也就是说黑洞只有"三根毛"，即黑洞的总质量、总电荷和总角动量。落进黑洞的物质的其他信息，我们就全都不知道了。从这个角度来看，黑洞外部的信息不守恒：物质掉进黑洞以后，这些物质的信息，除去总质量、总电荷和总角动量之外，我们就都不知道了。但是宇宙中的信息还是守恒的，因为虽然我们不知道这些信息，但它们并没有从宇宙中消失，只是被锁在了黑洞里边。

但是霍金发现黑洞有热辐射以后，这种情况就发生了质变。因为黑洞有了热辐射，原先掉进黑洞的物质就都会变成热辐射跑出来，而热辐射几乎不带出任何信息，所以原来洞内物质的那部分信息就从宇宙中消失了，信息就不守恒了。

但信息不守恒这个结论在理论物理界遇到了很大的阻力。研究相对论的人说，我们研究黑洞后得到的结果是信息不守恒。研究粒子物理的人觉得，信息怎么可能不守恒？如果信息不守恒，描述粒子物理的量子场论中用的演化算符就不是幺正的了。目前，量子场论中用的演化算符全部都是幺正算符。信息不守恒，算符就不能保持幺正性，量子理论就必须做大改动。所以粒子物理学家非常排斥信息不守恒的看法，认为信息一定是守恒的。

1997 年，霍金等人为信息究竟是否守恒打赌。一方是研究相对论的专家霍金和基普·索恩，他们两个人认为信息不守恒。另一方是量子信息专家约翰·普雷斯基尔，他认为信息应该守恒。

于是他们打赌，谁输了谁给对方买一套《棒球百科全书》。霍金最喜欢跟人打赌，有一次他跟一位物理学家打赌，谁输了谁给对方订一年的成人杂志。霍金输了，于是就让助手订了一年的成人杂志给那位物理学家寄去，这套成人杂志惹得人家的夫人特别不高兴。

在一次相对论的讨论会上，霍金宣布自己输了，并让他的助手去买《棒球百科全书》，但是没买着，他就想买一套关于板球的百科全书送给普雷斯基尔。然后，霍金发表了一个演讲，说他认为信息是守恒的了。霍金的大概意思是，进到黑洞里边的那些物质的信息还会重新跑出来，但是他没有给出一个真正的证明。他认为真正的黑洞不是像我们现在讨论的理想的黑洞，而是非理想的黑洞。对于非理想的黑洞，信息是守恒的，进到里面的信息都会出来。他还用一种粒子物理的散射模型做了一些说明，但都不是严格的证明。

我记得我还曾经就这个问题特别问过吴忠超（《时间简史》的翻译者，霍金的博士生），当时他恰巧在英国霍金的家里。我问他霍金有没有写出自己证明黑洞信息守恒的文章，他说没有。霍金始终没有写相关的文章，但是他认为信息应该是守恒的。

当时其他认为信息守恒的人，跟霍金的具体想法并不完全一样。其他人认为：第一种可能是，黑洞的热辐射不是标准的热辐射，而是有所偏离，这就会把一部分信息从黑洞里带出来；第二种可能是，黑洞热辐射时，温度升高，质量减小，但这种辐射不会持续到把整个黑洞全辐射完，而是在黑洞质量减小到某一个很小的极限的时候，会出现一个量子效应使黑洞辐射终止，留下一个小黑洞，虽然理论上它应该有很高的温度，但是它不表现热效应，所以信息就作为"炉渣"保存在那里了。

黑洞信息不会守恒

霍金的想法是黑洞正在经历量子散射过程。如果这个黑洞不是标准的理想黑洞，散射过程就可能把其中一部分信息带出来。所以在那次打赌的时候，霍金认输了，说信息是守恒的。但索恩不同意霍金的意见，仍然认为信息不守恒，他不承认自己输了，认为这件事不能由霍金一个人说了算。普雷斯基尔则说他没听懂自己为什么赢了。

现在说一下我们研究组对这个问题的看法。如果说黑洞的热辐射谱完全是标准的黑体谱，可能太理想化了。我们认为霍金辐射可能与黑体谱有一些偏离，所以会带出来一部分信息，但是我们相信信息不会全部出来。为什么呢？因为黑洞的比热是负的，所以它跟外界的热平衡是不稳定的热平衡。即使黑洞与外界起先处在热平衡状态，只要有一点儿涨落，就会出现温差。出现温差以后，如果黑洞温度略高一点儿，热辐射就会像热流一样往外走；如果黑洞温度略低一点儿，外界的热流就会往黑洞里涌。这两种情况都是热量从高温物体流向低温物体，这样的过程肯定是熵增加的过程，是不可逆过程。因为黑洞比热是负的，所以一旦黑洞内外出现温差，这个温差只会扩大不会缩小，热流导致的不可逆过程就会一直进行下去，熵会一直增加。按照现在信息论专家的观点：信息可以看成负熵。霍金他们也认为信息是负熵。如果按照这个观点，因为依据热力学第二定律，熵是不守恒的，会不断增加，所以信息也会不断减少，因此黑洞辐射不可能信息守恒。

我们后来参与研究这个问题，是因为我们看到有人举了一个例子。

弗兰克·维尔切克（2004 年因在色动力学领域的成就获得诺贝尔奖）和他的学生帕里克发表了论文，认为黑洞热辐射会带出信息，因而最后信息是守恒的。他们的主要意思是：原来人们认为黑洞向外发出热辐射的时候，没有考虑热辐射以后黑洞会变小，之前所有关于黑洞热辐射的证明全都忽视了这一点。比如辐射一个光子后，黑洞的质量会减小一个光子的能量，黑洞就会收缩一点儿，这种极微小的收缩会产生一个势垒，以至于跑出去的光子会不完全遵照黑体辐射谱，而会有一个微小的偏离。考虑了此偏离和能量守恒定律的话，就正好把熵丢掉的信息补上了，所以信息最后是守恒的。维尔切克和帕里克针对球对称黑洞射出光子的情况给出了严格的证明。

图 15–1 是黑洞辐射的隧穿示意图。其中，图 15–1(a) 是把出射粒子想象成球面波（S 波）。r_{in} 是粒子出射前黑洞边界（视界）的位置，r_{out} 是粒子出射后视界的位置。由于粒子出射，黑洞质量减小，视界从初始位置 r_{in} 收缩到 r_{out}，这时 S 波（粒子）就处于黑洞外面了。图 15–1(b) 是从另一个角度来示意上述过程。此过程相当于出射粒子（图中小人）穿越视界处的势垒来到黑洞外面。然而真实的过程是粒子（小人）没有动，而势垒从 r_{in} 收缩到 r_{out} 处，就像向内运动了一样。

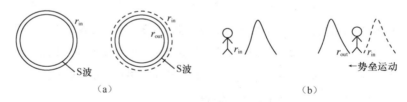

图 15–1　黑洞辐射的隧穿

当时我有一个研究生叫张靖仪，正要选题做博士论文。张靖仪现在是广州大学天文系的教授，曾任物理与电子工程学院院长。他当时水平已经很高了，做了不少很不错的工作。我建议他做这个题目，我说我相信信息应该不守恒，维尔切克和帕里克的证明当中肯定有漏洞，但是现在还看不出来漏洞是什么。我对他讲："你先把他们的论文推广一下，做这方面的研究是跟着诺贝尔奖获得者的足迹在走，你的论文肯定能发表。即使我们证明不了信息不守恒也没关系，也不耽误你的博士学位，也许我们运气好，到后来就找到他们证明中的漏洞了，这不是很好的事情吗？"他也赞同。读博士期间他很努力，完成了 8 篇论文，大部分是在国外的杂志上发表的。

后来，我们突然发现在他们的证明中有一个问题。他们用了一个公式，这个公式求的是粒子的能量：$dQ = TdS$[参见式 (14-1)]。式中 Q、T、S 分别为热量、温度、熵。$dQ = TdS$ 这个等式只有在可逆过程时才能成立。如果是不可逆过程，这里就是一个不等号。维尔切克和帕里克所有的证明，都是将这里作为等号处理的。但是就像前文提到的，因为黑洞的比热是负的，即使它刚开始处在热平衡状态，也很快会因为热涨落而与外界出现温差，而温差只会扩大不会缩小。有了温差，黑洞热辐射就成为从高温热源流向低温处的热流，这个过程是不可逆的，所以不能用这个公式。用了这个公式就等于首先假定了黑洞辐射是一个可逆过程，但真实的黑洞辐射都不是可逆过程，所以维尔切克和帕里克的证明虽然在数学上正确，但在物理上是无效的。后来张靖仪获得了博士学位，我们一起发了好几篇文章。2008 年，汤森路透集团第一次在中国颁奖，他们挑了在中国比较有影响的论文，挑了大概是 24 篇，其中有 8 篇是物理方面的，就有我们上述文章中的一篇。

第十六课
探索时间之谜

"同时的传递性"——似乎不是问题的问题

"同时的传递性"是这样的。爱因斯坦在他有关狭义相对论的第一篇论文中，一开始就谈到了对钟问题。在平直时空中，A 点有一个钟，B 点有一个钟，这两个钟结构和功能一样。A 钟走的时间就是 A 时间，B 钟走的时间就是 B 时间，但是这两个时间不是公共的时间。怎么能把这两个时间对准呢？有人说，我把这两个钟搁在一起，对准了再把一个挪过去。但你一挪，按照爱因斯坦的相对论，钟速和时间就会变慢。这个问题怎么解决呢？

按照爱因斯坦的想法，要对准 A、B 两钟，就要先假定（或者说规定）光速各向同性，即规定光从 A 到 B 的时间和从 B 到 A 的时间是相等的。这一想法首先是数学家庞加莱提出的，但是他没有具体论述。爱因斯坦做了具体论述。

图 16-1 左边是一张空间图，在空间当中有两个钟，A 钟和 B 钟。从 A 钟处发射一个光信号到 B 钟处，B 钟处有一个镜子把光信号反射回来。右边这张图是这两个钟的时空图，在四维时空当中，随着时间的流逝，虽然两个钟继续在空间的 A 点和 B 点不动，但是它们必须各自画出一条

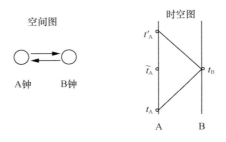

图 16-1　对钟问题

与时间轴平行的线（世界线）。在时刻 t_A 从 A 点向 B 点发出一个光信号，在时刻 t_B 该信号被 B 处的镜子反射回来，时刻 t'_A 回到 A 点。然后把 t_A 和 t'_A 这两个时刻的中点 $\bar{t}_A$ 定义为与 B 钟收到光信号的那个时刻 t_B 同时，这样就把这两个钟对准了。

爱因斯坦当时在谈论这个问题的时候，又进一步说我们有了 A 和 B 的共同时间，可是空间很大，还有 C 点、D 点、E 点等。虽然可以把 A 钟和 B 钟、B 钟和 C 钟分别对准，但我们能不能无矛盾地把空间各点的钟统一对准，从而有一个全空间的公共时间呢？爱因斯坦在论文里提出还应该有两个假定。第一个假定是，如果用上述方法把 A 钟和 B 钟对准，再把 B 钟和 C 钟对准，则 A、C 两个钟就自然对准了，这个假定称为"同时的传递性"。第二个假定是，从 A 到 B 发射光信号再反射回来并把这两个钟对准，跟从 B 到 A 发射光信号再反射回来对准钟，两种方法是等价的。

上述内容在爱因斯坦关于狭义相对论的第一篇论文里就谈了，但是没有引起大家的注意。好多人都注意他论文后边的部分去了，觉得动钟变慢、动尺收缩等内容匪夷所思，而想当然地认为他前面那些"对钟"的内容是正确的，就没有注意。

首先注意到这里有问题的是朗道。这个问题我是在刘辽先生的课上听到的。朗道说把 A 钟和 B 钟对准，B 钟和 C 钟对准以后，A、C 两个钟还不一定能对准，"同时"还不一定具有传递性。对准有一个前提条件，即时间轴和三个空间轴都要垂直。当然，在爱因斯坦的狭义相对论中，使用的是惯性系，而且时间轴和空间轴都是垂直的，所以爱因斯坦这么假定是没有任何问题的。但是广义相对论中要讨论时空弯曲的情况，在弯曲时空中时间轴和空间轴不一定垂直。而且，不仅是时空弯曲的情况，在狭义相对论（平直时空）中使用非惯性系时，也会出现问题，时间轴和空间轴也不一定都垂直。比如一个匀速转动的圆盘上的 A、B、C 三点分别有一个钟，A 钟和 B 钟对准，B 钟再跟 C 钟对准，A、C 两钟就能自动对准吗？

对此，朗道给出证明，认为 A、C 两钟不能对准。我对此极感兴趣，就去问刘辽先生，他告诉我这是朗道论述的。于是我就去看朗道的《场论》，发现里面真有这一段。我觉得这个事情太奇特了，把钟都对准居然还要有个条件。奇怪之余，我又想，物理学中还有没有其他类似的事情呢？我突然想到了热力学第零定律。物理研究表明，定义温度有个前提条件，也就是热平衡要有传递性：当 A 系统和 B 系统达到热平衡，B 系统和 C 系统也达到热平衡时，那么 A、C 两个系统就自动达到了热平衡。这个条件就叫热力学第零定律。我想"同时的传递性"与"热平衡的传递性"如此相似，它们之间是不是有关系呢？我就猜想：也许热力学第零定律成立，钟就能对准；热力学第零定律不成立，钟就对不准。会不会是这样一种情况呢？

时间性质与热性质有关吗

有了这种猜想，我就经常想去试一试，去探索一下"同时的传递性"和"热平衡的传递性"到底有没有可能是等价的，但是尝试了几次都没有成功。我主要是在研究黑洞，但是会不时地回过头来想这件事情。后来我突然想到，可以用温度格林函数来做一下试试。最后我就用温度格林函数把这个猜想证明了，也就是说"A 钟和 B 钟对准，B 钟跟 C 钟对准，A、C 两钟就能自动对准"，这种"同时的传递性"和"热平衡的传递性"是等价的。如果热平衡不具有传递性，即热力学第零定律不成立，那么这种对钟方式就不行。但是我后来突然明白了，在热力学第零定律成立时对准的还不是朗道所说的"钟的时刻"。朗道的时轴正交（即时间轴和三个空间轴都垂直）条件是保证在 A 钟和 B 钟的时刻对准、B 钟和 C 钟的时刻对准时，A、C 两钟的时刻就必定对准了。这是朗道的对钟要求。在图 16-2 中，左边是 A、B、C 三个钟"对钟"的空间示意图；右边这张图表示的就是在时间轴和空间轴不垂直的情况下 A 钟和 B 钟对准，B 钟和 C 钟对准，但 C 钟对 A 钟时，却没有对到原来的 t_A 的位置。朗道所说的那种情况，一定要时间轴跟三个空间轴垂直，"同时时刻"才能对准，即 t'_A 点才会与 t_A 点重合。

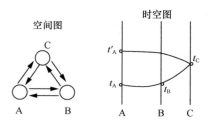

图 16-2 同时的传递性

后来我发现，热平衡的传递性和"对钟"之间如果真有关系，不是与校对"钟的时刻"有关，而是与校对"钟的速度"有关。如果 A 钟跟 B 钟走得一样快（不是说时刻对准，而是指钟速一样），B 钟跟 C 钟走得一样快，那么 A、C 两个钟就走得一样快了，这就是"钟速同步的传递性"，如图 16-3 所示。如果满足这个条件，热平衡的传递性就成立，否则热平衡的传递性就不成立。对于"钟速同步的传递性"，朗道对钟的条件就是时间轴和空间轴要垂直，物理意义特别明显。我也给出了一个公式，满足这个公式，"钟速同步"就有传递性了。这个公式肯定是对的，后来梁灿彬教授在他的《微分几何入门与广义相对论》里收录了这个公式，但是他没有提跟热平衡的传递性的关系。我关于这方面的论文已经在国外刊登，在《中国科学》杂志上也发表了，但是没有什么人理我。我相信这个工作是正确的，而且这是我在相对论研究中做得比较漂亮的工作。将来如果它被认为是正确的，我的贡献是不小的，因为以前从来没有人把对钟的问题跟"热平衡的传递性"挂上钩。

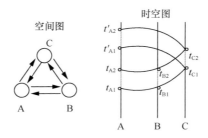

图 16-3　钟速同步的传递性

　　我对奇点定理的猜测和论证可能也是很重要的。我把奇点定理跟热力学第三定律挂钩。众所周知，热力学第二定律是跟时间有关的，一谈热力学和时间的关系，大家马上就想到时间的流逝性是跟热力学第二定律一致的。那么还有没有类似相关的呢？有，在物理学中，"时间的均匀性"是跟热力学第一定律有关的，该定律是能量守恒定律的特例。这两点都是大家熟知的。

　　而我后来又提出奇点定理的证明没有考虑热力学第三定律，即没有考虑能否"通过有限次操作把系统的温度降到绝对零度"。我认为热力学第三定律会排除奇点的存在，保证时间不存在开始和结束。所以热力学的四条定律都能跟时间的属性挂上钩。我的上述论证是不是最后真的能站住脚，我也不敢绝对地说，但是我相信它们应该是能站得住脚的，至今我还没有发现有什么漏洞。

尾声

本书到这里就结束了，由于篇幅有限，内容不可能详尽，更不可能面面俱到，希望了解更多内容的读者，可以进一步参看参考文献所列的图书和作者在超星网站上的比较详细的系列视频讲座《从爱因斯坦到霍金的宇宙》。

参考文献

［1］爱因斯坦 A. 狭义与广义相对论浅说 [M]. 杨润殷，译. 上海：上海科学技术出版社，1964.

［2］爱因斯坦 A，英费尔德 L. 物理学的进化 [M]. 周肇威，译. 北京：中信出版集团，2019.

［3］霍金 S W. 时间简史 [M]. 许明贤，吴忠超，译. 长沙：湖南科学技术出版社，1994.

［4］彭罗斯 R. 皇帝新脑 [M]. 许明贤，吴忠超，译. 长沙：湖南科学技术出版社，1994.

［5］索恩 K S. 黑洞与时间弯曲 [M]. 李泳，译. 长沙：湖南科学技术出版社，2007.

［6］赵峥. 探求上帝的秘密 [M]. 北京：北京师范大学出版社，2009.

［7］赵峥. 物理学与人类文明十六讲 [M]. 北京：高等教育出版社，2008.

［8］赵峥. 物含妙理总堪寻：从爱因斯坦到霍金 [M]. 北京：清华大学出版社，2013.

［9］赵峥. 看不见的星：黑洞与时间之河 [M]. 北京：清华大学出版社，2014.

［10］赵峥. 相对论百问 [M]. 北京：北京师范大学出版社，2012.

［11］赵峥. 弯曲时空中的黑洞 [M]. 合肥：中国科学技术大学出版社，2014.

作者介绍

赵峥

北京师范大学物理系教授，博士生导师。1967 年毕业于中国科学技术大学物理系，1981 年于北京师范大学天文系获硕士学位（导师刘辽教授），1987 年于布鲁塞尔自由大学获博士学位（导师普利高津教授）。

曾任北京师范大学研究生院副院长、物理系主任、中国物理学会引力与相对论天体物理分会理事长、中国物理学会理事、《大学物理》杂志副主编。

赵峥教授长期从事广义相对论、黑洞和引力波的教学与研究工作，发表科研论文 100 余篇，出版科研专著、教材及科普图书 10 余本；曾两次获得国家教委（现教育部）科技进步二等奖，两次获得中国图书奖。